Heiko Burrack

Matching. Marketing-Entscheider im Dialog
So geht erfolgreiches New Business heute

Matching. Agentur-Chefs im Dialog
So geht erfolgreiche Agenturauswahl heute

ISBN: 978-3-936182-51-4

New Business Verlag GmbH & Co. KG
Nebendahlstraße 16, 22041 Hamburg
Tel: +49 40 609009-0
Fax: +49 40 609 009-15
info@new-business.de

Produktmanagement: Anja Kruse-Anyaegbu
Art Direction / Umschlaggestaltung: Matias Becker
Illustrationen: Jan Kowalsky
Lektorat: Thirza K. Albert

Druck: Lehmann Offsetdruck, Norderstedt
© Copyright 2014 by New Business Verlag GmbH & Co. KG
29,80 Euro

Heiko Burrack

Matching

Agentur-Chefs im Dialog

So geht erfolgreiche Agenturauswahl heute

Über dieses Buch

Wie beurteilen Marketing-Entscheider das New Business von Kommunikationsagenturen? Was sagt also die Zielgruppe der Agenturen zu deren Vorgehensweisen, neue Kunden zu gewinnen? Was ist gut, wo können sie sich verbessern? Welchen Rat geben wiederum Agenturchefs den Marketers, wenn sie auf der Suche nach einem neuen Dienstleister sind? Wo sehen sie typische Fehler und wie lassen sich diese vermeiden?

Der New-Business-Spezialist Heiko Burrack hat über 80 Marketing-Verantwortliche, Agentur-chefs und Branchenexperten interviewt, um diese zentralen Fragen einer erfolgreichen Zusammenarbeit zu klären. Damit ist dieses Werk einerseits ein praxisorientierter Akquise-Ratgeber für Agenturen und andererseits eine Auswahlhilfe für das Marketing. Erprobte Wege, viele Tipps und nachvollziehbare Checklisten helfen, den Auswahlprozess zu optimieren und den Erfolg bei der Zusammenarbeit zu maximieren. Dieses Buch ist eine Pflichtlektüre für Agenturen und für das Marketing.

Inhaltsverzeichnis

BITTE HIER WENDEN

„Matching" – Erfolg darf kein Zufall sein

In der Beziehung zum Käufer spielt die Kommunikation eine wesentliche Rolle. Das ist allen Unternehmen sehr wohl bewusst und daher legen sie auch den größten Wert auf leistungsstarke Partner, damit die Werbeaktivitäten für ihre Produkte und Dienstleistungen immer bestens „funktionieren". Es gehört zu den Pflichten eines Auftraggebers – selbst bei hoher Zufriedenheit – die Leistungskraft seiner Dienstleister regelmäßig zu überprüfen.

Im sich schnell wandelnden Kommunikationsmarkt ist das heute wichtiger denn je. Eine Überprüfung muss ja nicht gleich die Trennung vom bewährten Agenturpartner nach sich ziehen, sondern soll dafür sorgen, dass im Sinne der anvertrauten Marke bzw. Aufgabe eine optimale Kommunikationsleistung erbracht wird.
Der New-Business-Berater Heiko Burrack hat zusammen mit Auftraggebern und Agenturmanagern die vielfältigen Aspekte der Geschäftsbeziehung zwischen beiden Seiten ausgeleuchtet und analysiert. Entstanden ist ein über 200 Seiten starkes Werk mit vielen praktischen Tipps, wie sich das Neugeschäft erfolgreicher gestalten lässt.
Anhand vieler O-Töne wird deutlich, was für Kunden relevant ist, was sie erwarten, wie sie Agenturaktivitäten bewerten und welche Faktoren für einen erfolgreichen Abschluss wichtig sind. Heiko Burrack hat dank seiner guten Vernetzung sowohl auf Kunden- wie auch auf Agenturseite Nutzwert und Authentizität in Einklang gebracht und so ein Buch verfasst, das in dieser Art und Weise einmalig ist.

Der Titel „Matching" bringt das zum Ausdruck, was Autor und Verlag allen Lesern wünschen – nämlich das für beide Seiten erfolgreiche Zusammenspiel der Interessen, Ziele und Vorgehensweisen.

In diesem Sinne wünschen die „Matching"-Macher eine ebenso anregende wie aufschlussreiche Lektüre

Peter Strahlendorf
Verleger New Business Verlag

3. Für Werbungtreibende:
Die Suche nach der Agentur für den Unterschied

Der folgenden Beschreibung liegt die Vorstellung zugrunde, dass sich die allermeisten Unternehmen heute in einem wettbewerbsintensiven Umfeld bewegen. Die meisten Produkte haben dabei eine gewisse Austauschbarkeit erreicht. Diese zwei Behauptungen hängen unmittelbar zusammen, da der Wettbewerb ja nur dann schwächer ausgeprägt ist, wenn man ein Produkt vermarktet, das eine hohe Uniqueness hat. Hat man es dagegen mit einem eher austauschbaren Produkt zu tun, so reichen die rationalen Argumente allein für eine sinnvolle Positionierung häufig nicht aus. Auch im B-to-B-Bereich werden Emotionen, wie im ersten Teil dieses Buches berichtet wurde, immer wichtiger. Zu der reinen Produktkommunikation sind weitere Bereiche hinzugekommen, in denen man sich heute Gehör verschaffen muss. Themen wie Corporate Social Responsibility oder der Arbeitgeber als Marke sind nur zwei Beispiele. Alle diese Veränderun-

gen machen eine Kommunikation notwendig, die einen Unterschied schafft. Dies ist allerdings kein Sprint, sondern ein Langstreckenlauf, den man nur in der Zusammenarbeit mit einer Agentur gewinnen kann. Bei der Suche nach einem solchen verlässlichen Partner soll die folgende Beschreibung helfen. Ich glaube weder an die Tragfähigkeit von auf die Schnelle gefundenen Ideen noch an die grundsätzliche Austauschbarkeit von Agenturen. Entscheider, die einen Rat für die Umsetzung solcher Ziele suchen, sind in diesem Buch falsch.

Dirk Popp
Geschäftsführer
Ketchum Pleon,
Düsseldorf

Standpunkt

Know-how auf Kundenseite

Man kommt dann zusammen, wenn man menschlich zusammenpasst. Dies wurde mehrfach im ersten Buchteil angesprochen und es gilt sowohl für die Kunden- als auch für die Agenturseite. Daneben müssen beide Seiten aber auch auf der fachlichen Ebene und mit dem entsprechenden Know-how zusammenpassen. Nicht nur die Kunden beurteilen die Leistung der Agenturen, auch von den Agenturen selbst hört man immer wieder Einschätzungen zur Qualität der Mitarbeiter auf Kundenseite und dazu, in welcher Mannstärke diese vertreten sind. Dirk Popp, CEO von Ketchum Pleon, sieht, dass sich sowohl die Anzahl der Mitarbeiter in den Kommunikationsabteilungen als auch deren Qualifikation in den letzten Jahren verbessert haben. „Die Ausbildung an den Unis ist sehr viel praxisnäher geworden – das hilft Absolventen beim Berufseinstieg. Praktikas tun ihr Übriges. Insofern ist die Branche qualitativ deutlich vorangekommen. Üblicherweise kennen Unternehmen und Agenturen ihre ,Blinden Flecke' und versuchen, diese gezielt durch Nachbesetzungen oder Qualifizierung auszumerzen. Aber natürlich ist dies auch ein

Bereich, den Agenturen besetzen können." Ähnliche Erfahrungen hat Vera Grote gemacht, die bei der Berliner Agentur Johanssen + Kretschmer für das Neugeschäft und Vertrieb verantwortlich ist: „Wir haben auf Kundenseite in den vergangenen Jahren zumeist professionelle Ansprechpartner erlebt, die selbst zuvor in Agenturen tätig waren oder seit Jahren mit solchen eng und erfolgreich zusammenarbeiten. Ein Ergebnis dieser Entwicklung ist zum Beispiel, dass mittlerweile viele Unternehmen ihre Agentur-Auswahlprozesse adaptiert haben. Statt der (für alle Beteiligten) aufwendigen Pitchverfahren wird verstärkt auf Empfehlungen, frühes direktes Kennenlernen (sog. Chemistry-Meetings) oder Beratungs-Workshops gesetzt."

Ganz anders sieht dies der Geschäftsführer einer Agentur, der nicht namentlich genannt werden möchte: „Wir betreuen vor allem kleinere Mittelständler. Der Marketingleiter eines Finanzdienstleistungs-Unternehmens weigerte sich zunächst, für eine Image-Broschüre die finale Freigabe zu geben, weil er damit ja für das Ergebnis und mögliche Fehler verantwortlich sei. Diese Verantwortung müsse in seinen Augen die Agentur übernehmen. So viel zum Thema Marketing-Professionalität auf Kundenseite. Dort sitzen immer mehr Quereinsteiger, die weder die Prozesse in Agenturen kennen, noch grundlegendes Wissen für die Werbeproduktion haben. Und mit dem Trend zu Online und Social Media, dem alle Marketingleute wie die Lemminge folgen, wird das Ganze noch potenziert. Wo sind die Leute, die Ahnung haben und professionelle Markenführung als ihre erste Aufgabe sehen?"

Johanssen+
Kretschmer

Vera Grote
Business Director
Johanssen + Kretschmer,
Berlin

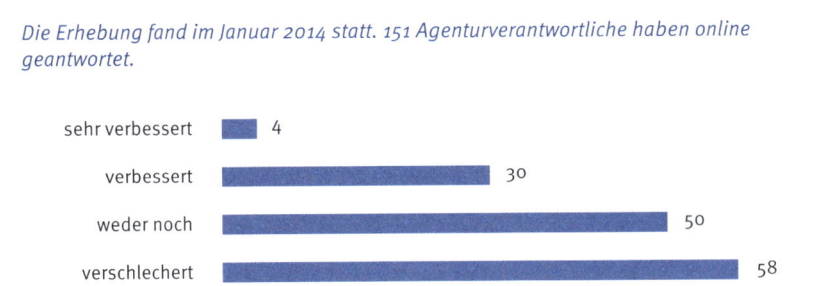

Gute Kommunikation benötigt auf Kundenseite qualifizierte Mitarbeiter. Wie hat sich in den letzten Jahren die Qualifikation der Ansprechpartner auf Kundenseite verändert?

Die Erhebung fand im Januar 2014 statt. 151 Agenturverantwortliche haben online geantwortet.

sehr verbessert	4
verbessert	30
weder noch	50
verschlechert	58
sehr verschlechtert	9

3.1. Agenturauswahl: Die Richtigen nehmen

Die richtige Agentur auszuwählen, ist heute kein trivialer Prozess mehr. Schließlich sind die Aufgaben vielfältiger geworden und immer mehr Agenturen spezialisieren sich. Den Überblick darüber zu behalten, wer was richtig gut kann, ist nicht einfach. Möchte man erfolgreich sein, muss außerdem noch die menschliche Komponente passen. Der folgende Abschnitt kommt auf die wichtigsten Parameter zu sprechen, die es bei der Agenturauswahl zu beachten gilt.

Godo Röben
Marketingleiter
Rügenwalder Mühle,
Bad Zwischenahn

3.1.1. Agenturaustausch: Deswegen wechselt man

Es gibt unterschiedliche Gründe, warum man sich auf die Suche nach einer neuen Agentur macht. Es kommt vor, dass ein Unternehmen nach einer gewissen Zeit neu ausschreiben muss, da ein neuer Turnus beginnt. Zuweilen hört man, dass ein neuer Marketingleiter mit einer neuen Agentur frischen kommunikativen Wind ins Unternehmen bringen möchte und deshalb eine bestehende Zusammenarbeit aufkündigt. Diese Einstellung ist wohl kaum nachvollziehbar. Anders sieht es aus, wenn man mit einer Agentur unzufrieden ist. Kann man diese Unzufriedenheit anhand der Performance der Agentur beschreiben, liegt es auf der Hand, einen Schlussstrich unter die Zusammenarbeit zu ziehen. Was aber führt zu einer solchen Unzufriedenheit? Und wie stark muss diese sein, um einen Wechsel zu rechtfertigen? Nur weil die Agentur mal einen schlechten Tag hat, wird man sich nicht gleich nach einem neuen Dienstleister umschauen.

„Über einen Agenturwechsel mache ich mir nur dann Gedanken, wenn ich merke, dass die Performance der Agentur nachlässt", sagt Godo Röben, Geschäftsleiter Marketing bei der Rügenwalder Mühle in Bad Zwischenahn. „Das passiert regelmäßig nach drei bis vier Jahren. Ich versuche, sobald die Leistung der Agentur abnimmt, immer zunächst, die Situation zu verbessern. Intensive Gespräche sind einer von vielen Bausteinen, die ich einsetze, aber ab einem bestimmten Zeitpunkt hilft das nicht mehr. In einer solchen Situation lasse ich dann pitchen. Der Pitch ist bezahlt und alle Agenturen haben die gleiche Chance." Es kommt immer wieder vor, dass die Arbeit einer Agentur sich mit der Zeit zum Negativen hin verändert: Viele Agenturen stürzen sich in die Arbeit für einen Kunden und lassen dann ein wenig nach. Ab wann eine Unzufriedenheit auf Kundenseite gegeben

René Will
Leiter Unternehmens-
kommunikation
SEW-Eurodrive, Bruchsal

ist, die Konsequenzen für die Agentur nach sich zieht, sollte aber in jedem Fall rational begründbar sein. Nur eine gefühlte Verschlechterung der Agentur ist zu wenig.

Auch René Will, Director Corporate Communications bei SEW-Eurodrive in Bruchsal kennt die Situationen, in denen ein Wechsel notwendig wird: „Die Agenturfrage stellt sich immer dann, wenn die Performance der bestehenden Agentur nicht mehr gegeben ist. Dies kann unterschiedliche Gründe haben. Bei uns wurde vor einiger Zeit die bestehende Agentur verkauft und der entsprechende

Frank Sahler
Leiter Marketing &
Vertrieb
1. FC Köln

Geschäftsführer blieb nicht länger an Bord; deswegen haben wir gepitcht."

3.1.1.1. Der Pitch: Warum man pitcht

Will man sich für eine Agentur entscheiden, so stehen mehrere Auswahlverfahren zur Verfügung. Eines davon ist der Pitch. Ein anderes kann darin bestehen, dass man mehreren Agenturen kleine Projekte zur Bearbeitung gibt und die Zusammenarbeit beobachtet. Der Pitch als Auswahlinstrument hat in den letzten Jahren jedoch mehr und mehr an Bedeutung gewonnen. Für Frank Sahler, Marketing-Chef beim 1. FC Köln, zuvor im Marketing bei Hornbach tätig, hat der Pitch den Vorteil, dass man es als Kunde damit einfacher hat: „Zur internen Absicherung ist dies nicht unbedingt notwendig. Selbst bei Hornbach muss man drei Angebote vorlegen und dann erklären, warum man eine Agentur präferiert und die anderen nicht. Dazu benötigt man keinen Pitch. Nutze ich dieses Auswahlinstrument aber, so kann man einige Prozesse standardisieren. Ich gebe mehreren Agenturen die gleichen Unterlagen und lasse sie dann nach einiger Zeit antreten. Das ist einfacher, als sich mit den einzelnen Dienstleistern zu treffen und zu unterhalten." Florian Hamsch, Marketingleiter beim Kölner Versicherer EUROPA, sieht, dass

Florian Hamsch
Marketingleiter
EUROPA Versicherungen,
Köln

die Compliance-Thematik für einen Pitch spricht: „Bei einem Pitch kann eine Agentur, die von sich behauptet, die besseren Leute und Ideen zu haben und deswegen teurer zu sein, dies beweisen. Bei anderen Ausschreibungsformen hätte diese Agentur ein Problem, ihren Preis glaubhaft zu rechtfertigen." Für René Will macht ein Pitch Sinn, weil man sich auf diese Weise nach innen und nach außen absichern kann: „Schließlich kann man eine Entscheidung über eine Zusammenarbeit mit einer neuen Agentur nicht alleine stemmen und muss sich gegenüber dem Vorstand oder dem Inhaber absi-

SCHINDLER PARENT

Michael Meier
Geschäftsführer
Schindler Parent,
Meersburg

chern. Das geht gut mit einem Pitch. Mit diesem Auswahlverfahren kann man auch die Arbeit der Kommunikationsabteilung schlaglichtartig ins Rampenlicht rücken und den Vorgesetzten gegenüber so argumentieren, dass das eigene Tun für sie nachvollziehbarer wird. Dies setzt voraus, dass man langfristige Beziehungen anstrebt und nicht jedes Jahr einen Pitch anberaumt." Dass man sich damit ein Stück weit absichert, ist sicherlich ein gutes Argument für einen Pitch. Es ist umso wichtiger geworden, als man sich auch gegenüber anderen Abteilungen und Hierarchien stärker vergewissern muss, die richtige Entscheidung getroffen zu haben. Dies weicht von Unternehmen zu Unternehmen ab, da das Thema Absicherung nicht überall denselben Stellenwert hat.

Aber natürlich ist die Welt nicht so einfach und ein Pitch hat auch erhebliche Nachteile. Diese werden naturgemäß von Agenturen stärker thematisiert. „Ein Pitch ist nicht immer ideal", sagt Michael Meier, Geschäftsführer von Schindler Parent: „Man wird als Kunde nur eine gefällige Lösung bekommen. Als Agentur werde ich immer eine Lösung wählen, die man in einem solchen vorgegebenen Rahmen versteht und mir abkauft. Bei einem Pitch präsentieren die Agenturen nacheinander, wenn die eine fertig ist, sieht man schon, wer als nächstes dran ist. In einer solchen Situation kann ich mich nicht intensiv mit einer Lösung auseinandersetzen, die gegen den Strich bürstet. Dabei wäre genau das wichtig, denn nur mit solchen Lösungen erreicht man heute für die Marke das Beste. Pitches setzen auf die sicherheitsorientierte Lösung, hier gibt es keine Experimen-

B+D Communications®

Dr. Günter Lewald
Geschäftsführer
bplusd, Köln

te. Sinnvoller als einen Pitch auszurichten, ist es, wenn man eine Aufgabe beschreibt und die Agentur sich damit auseinandersetzt. Am besten gibt man der Agentur über das normale Briefing hinaus noch die Möglichkeit, mit unterschiedlichen Leuten im Unternehmen zu sprechen. Die können nämlich ungefiltert sagen, wo sie der Schuh drückt. Wenn man sich dann noch ein- oder zweimal trifft und die Agentur beschreiben lässt, wie sie vorgehen würde, hat man eine viel bessere Möglichkeit, eine zukünftige Zusammenarbeit einzuschätzen."

Günter Lewald, Geschäftsführer der Kölner Agentur bplusd, führt weitere Probleme des Pitches auf: „Oft wird hierbei nur die Kampagnenidee getestet. Wie gut eine Kampagne aber funktioniert, hängt nicht nur von der Idee ab, sondern auch davon, wie gut sie umgesetzt wird. Also davon, wie gut im Umsetzungsprozess das Art Work ausfällt, Kosten und Timings tatsächlich eingehalten werden. Es gibt Agenturen, die haben bei der Entwicklung der Idee und bei deren Umsetzung eine unterschiedliche Qualität. Dummerweise wird aber die Qualität der Umsetzung bei einem Pitch nicht getestet. Wenn ich Pech habe, habe ich eine Agentur gefunden, die prima Ideen entwickeln kann, aber das Team funktioniert nicht gut in der Abwicklung. Das ist schwierig: Eine tolle Idee, die schlecht ausgearbeitet oder nicht zur richtigen Zeit auf dem Markt ist, nützt nichts. Pitches sind eben Laborsituationen. Genauso verhalten sich die Leute auch. Das Labor lässt man aber erst dann hinter sich und betritt das reale Leben, wenn unter Druck umgesetzt wird, wenn es auch mal kriselt. Dann zeigt sich, wie gut die Agentur ist und wie gut man zum Kunden passt. Im Pitch kann man das nicht testen. Das geht besser mit einem kleinen Projekt." Günter Lewald gibt weiterhin den Hinweis, dass Unternehmen, die eine neue Agentur suchen, sich breit umschauen sollten. „Viele Unternehmen ziehen nur die aktuellen Kreativ-Rankings heran. Dadurch werden wichtige Agenturen übersehen, nämlich solche, die ihre Arbeit nicht in Goldideen stecken, sondern die ihren Schwerpunkt in die Kreativ-Arbeit für den bestehenden, echten Kunden stecken."

Gerhard Mutter, Aufsichtsratsvorsitzender der Stuttgarter Werbeagentur DIE CREW, berichtet über seine Erfahrungen: „Ein Pitch ist immer eine künstliche und ziemlich willkürlich erzeugte Situation: Du hast einen Schuss und der muss sitzen. Der Arbeitsalltag zwischen der Agentur und dem Kunden dagegen ist ein ganz anderer: In der Regel ist die Entwicklung einer kommunikativen Strategie und eines kreativen Produktes ein langer gemeinsamer Prozess, in dem man voneinander lernt, sich gegenseitig zuhört und sich besser verstehen lernt. Dann kommt in der Regel auch

DIE CREW

Gerhard Mutter
Aufsichtsratsvorsitzender
DIE CREW, Stuttgart

etwas Vernünftiges dabei heraus. Bei einem Pitch hat man die Auftraggeber im günstigsten Fall vorher eine Stunde lang kennengelernt, man arbeitet auf der Basis eines dürren, abstrakten schriftlichen Briefings und ohne die elementare Grundlage des gewachsenen Verständnisses. Um auf das Bild mit dem einen Schuss zurückzukommen: Man schießt mit einem Schrotgewehr, das obendrein noch einen verbogenen Lauf hat. Treffen Sie damit mal ein Ziel."

Nicht nur die Agenturen, auch Kunden sehen durchaus Nachteile beim Pitchen. Claus Fesel, Marketing- und Kommunikationsleiter beim Nürnberger Softwareanbieter DATEV, sagt dazu: „Pitches haftet immer der Vorteil einer angeblichen Objektivität an. Alle Agenturen arbeiten an der gleichen Aufgabe und man meint so, eine bessere Basis zu haben. Doch schaut man sich die Ergebnisse an, so ist davon nichts mehr übrig: Die guten Agenturen verstehen, dieses Basiswissen zu erweitern und so subjektiv einen Vorteil zu erzielen. Unabhängig davon gibt es natürlich Pitches, zu denen zehn oder mehr Agenturen eingeladen werden. Für die einzelne Agentur sind die Chancen auf den Gewinn bei einem solchen Verfahren so gering, dass eine Teilnahme von vornherein keinen Sinn macht. Solche Pitches, bei denen man sich nicht kennenlernt, sind ziemlich wertlos."

DATEV

Claus Fesel
Leiter Marketing und Kommunikation
DATEV, Nürnberg

3.1.1.2. Alternative: Gar nicht pitchen

Als Kunde muss man überlegen, ob man überhaupt pitchen will oder die Aufgabe mit bestehenden Partnern löst. Für Lars Wöbcke, Communication and Corporate Marketing Director bei Nestlé in Frankfurt, ist der Pitch nur der zweite Weg: „Im ersten Schritt muss man mit den bestehenden Agenturen nach Lösungen suchen bzw. nachschauen, ob man die Frage mit ihnen lösen kann. Dies macht deswegen Sinn, weil man hier einander und die Prozesse kennt. Erst wenn sich herausstellt, dass man so nicht die benötigten Leistungen erreicht,

Lars Wöbcke
Communication and
Corporate Marketing
Director
Nestlé Deutschland,
Frankfurt

würden wir über einen Pitch nachdenken. Genau deswegen gibt es bei Nestlé eher wenige Pitches; wir arbeiten lieber mit bestehenden Partnern zusammen." Für das ausschreibende Unternehmen bedeutet ein Pitch immer Mehrarbeit. Auch das kann ein Grund sein, über alternative Auswahlinstrumente nachzudenken. Vera Grote sagt dazu. „Über einen Workshop und andere Formen erleben Unternehmen ihre zukünftige Agentur und deren Mitarbeiter direkt und in der Beratung. Sie entwickeln wie im Leben gemeinsam Lösungen und können so erkennen, welche Agentur am besten zu ihnen passt."

In Situationen, in denen Kunden unzufrieden mit ihrer Agentur sind, kann man sich bewusst dafür entscheiden, nicht sofort zu pitchen: Gespräche helfen ja manchmal auch dabei, Situationen und Probleme zu entschärfen. Solche Krisengespräche können mit der Konsequenz verbunden sein, dass man das Team, meist das der Agenturseite, verändern muss. Diese Möglichkeit zu nutzen, kann für alle Beteiligten besser sein, als in eine große Pitchrunde einzusteigen.

Hier kommen Spezialisten zu Wort, die von einer anderen Perspektive auf das New Business blicken; hier ist die eines Pitchberaters aus den USA.

Russel Wohlwerth, Principal, External View Consulting Group, Los Angeles, USA

Many marketers rely solely on an RFI process to select an agency

Many marketers rely solely on an RFI process to select an agency. Once of the most critical factors of a successful agency relationship is personal chemistry. You simply cannot evaluate chemistry through an RFI – especially an online RFI process. This is marketing's equivalent of the "mail order bride." To maximize the success of the agency search process, be sure to include chemistry meetings in the early stages.

Kunden sollten wissen, welche Aufgaben man sinnvoll über einen Pitch vergeben kann, denn es gibt einige, bei denen man lieber die Finger davon lassen sollte. Jung von Matt beispielsweise pitcht nicht im Bereich Corporate Branding. Heike Lorenz, bei dieser Agentur in Hamburg für das New Business verantwortlich, merkt dazu an: „Im Bereich Corporate Branding beispielsweise geht es um die Markenentwicklung, die nachhaltig funktionieren muss und die das Fundament bildet für alle weiteren Kommunikationsmaßnahmen. Diese DNA der Marke und das zugehörige Corporate Branding müssen gemeinsam mit dem Kunden in einem Prozess entwickelt werden. Das ist etwas völlig anderes als ein Kommunikationskonzept für ein bestimmtes Produkt oder eine bestimmte Dienstleistung zu entwickeln. Das Produkt gibt es gegebenenfalls zwei Jahre später nicht mehr oder es hat eine neue Form."

Tamaris

Bernd Wild
Marketingleiter für die
Marke Tamaris bei
Wortmann, Detmold

Der Pitch ist nur eine Möglichkeit, eine Agentur auszuwählen. Wie stark hat sich die Bereitschaft verändert, alternative Optionen zu nutzen?

Die Erhebung fand im Januar 2014 statt. 151 Agenturverantwortliche haben online geantwortet.

sehr verbessert	3
verbessert	42
weder noch	82
verschlechert	17
sehr verschlechtert	7

3.1.1.3. Agenturauswahl: Ein Beispiel aus der Praxis

Zum Abschluss des Kapitels möchte ich von einem Beispiel aus der Praxis berichten, in dem ein Entscheider nach einem Pitch sowohl die Leistung als auch die Kosten der beteiligten Agenturen beurteilt. Aufgrund beider Parameter kommt er zu einem Resultat. Bernd Wild, Marketingleiter bei Tamaris in Detmold, lud unterschiedliche Agenturen zu einem Pitch ein. Wichtig war ihm, dass alle Agenturen das gleiche Briefing bekamen und dieselbe Aufgabe lösen mussten. Sie sollten dabei Werbemittel für das Internet entwickeln, die Traffic auf der eigenen Webseite und der Facebook-Seite generieren. Von einer kleinen spezialisierten Internetagentur bis hin zu einer großen inhabergeführten Agentur hatte man ganz unterschiedliche Bewerber eingeladen. Natürlich war Wild bereit, marktübliche Preise zu zahlen. Er wollte aber nicht mehr Geld ausgeben, um mit einer bekannten Agentur zusammenzuarbeiten. Im Bereich der Umsetzung haben sich die Kosten, die die einzelnen Agenturen angegeben haben, dann auch nicht relevant voneinander unterschieden. Aber bei der Konzeption gab es massive Differenzen. Nun sollte man eigentlich erwarten, dass eine große inhabergeführte Agentur in der Preisliste am oberen Ende liegt. Dem war aber

Jörg Michael Diegmann
Trademarketingleite
Warsteiner Brauerei,
Warstein

Bernd Wild zufolge nicht so: „Obwohl die Agentur, mit der wir jetzt arbeiten, eine der großen ist, hat sie sich preislich im Mittelfeld bewegt. Eine inhabergeführte Agentur, die zwar kleiner als unser jetziger Betreuer ist, aber mehrere Standorte in Deutschland hat, rief Honorare auf, die weit über dem erstgenannten Angebot lagen." Eine renommierte Agentur muss nicht zwangsläufig teurer sein als ein kleinerer Mitspieler. „Die Agentur, die gewonnen hat und mit der wir jetzt auch zusammenarbeiten, hat uns konzeptionelle Ergebnisse geliefert, die aus unserer Sicht ein Volltreffer sind. Wir arbeiten mit einer renommierten Agentur zusammen und das zu einem fairen Preis. Gut hat mir gefallen, dass diese Agentur sich im Vorfeld intensiv mit uns beschäftigt hat. Die Mitarbeiter haben uns sowohl wertvolle Impulse im Vorfeld gegeben, als auch den Eindruck erweckt, dass sie sich mit uns beschäftigt haben und mit uns zusammenarbeiten wollen." An diesem Beispiel wird deutlich, dass man es bei einer sich anbahnenden Zusammenarbeit immer mit einem Prozess zu tun hat, der weit über das Briefing hinausgeht.

3.1.2. Pitchberater: Sinnvolle oder sinnlose Helfer?

Seit einigen Jahren gibt es in Deutschland einen Markt für Dienstleister, die einen Pitch beratend begleiten und Kunden bei der Agenturauswahl unterstützen. Aktuelle Beispiele sind die Begleitung der Pitches bei BMW, Tesa, Deichmann oder ERGO. Einige Zeit, nachdem diese Dienstleister für die Kunden aktiv wurden, kam hin und wieder Unmut bei den Agenturen auf. Man war sich bei einigen Auswahlprozessen nicht sicher, wie objektiv der Prozess am Ende stattgefunden hatte. Es wurden Vorwürfe laut, dass die Transparenz mangelhaft gewesen sei oder dass Lieblingsagenturen bevorzugt worden seien. Auch wenn dieser Un-

Heike Lorenz
Director Business
Development
Jung von Matt, Hamburg

mut noch nicht vollständig verflogen ist, so hat sich doch der Rauch gelegt. Die Agenturen müssen sich mit der Situation arrangieren, denn die Anzahl der Pitchberater ist gestiegen und damit auch die Anzahl der Projekte, die man potenziell über sie erhalten kann. „Man bekommt die Zahnpasta nicht mehr in die Tube. Wir merken, dass für uns Pitchberater wichtig sind und dass sie mit professionellen Prozessen und Instrumenten arbeiten. Wir halten daher Kontakt zu ihnen wie zu jedem wichtigen Gatekeeper", so ein Gesprächspartner.

Der Tipp für Werbungtreibende auf Agentursuche

Heike Lorenz, Jung von Matt

Ein positiver Pitch

Wir stehen gerade am Ende eines Pitchprozesses, den wir alle als äußerst positiv verstanden und erlebt haben. Alle Entscheider waren ansprechbar und offen für einen Dialog. Bei den wichtigen Meetings waren sie dabei. Da sich der Pitch ungewöhnlich lange hingezogen hat, gab es Zeiträume, in denen die Ansprechpartner nicht gut erreichbar waren, beispielsweise wenn sie sich um andere Themen kümmern mussten. Dies hat man uns klar kommuniziert und wir mussten uns keine unnötigen Sorgen machen. Die Kommunikation war sehr offen und schnell. Auffallend gut war, dass wir zum einen sehr zeitnah über die nächsten Schritte informiert wurden und dass wir zum anderen immer ausreichend Zeit hatten, die darauf folgenden Schritte vorzubereiten.

3.1.2.1. Pro Pitchberater

Den Einsatz solcher Pitchberater hält René Will für sinnvoll: „Mithilfe eines solchen Beraters kann man Agenturen mit in den Pitch nehmen, die man selber vielleicht nicht kennt. Außerdem kommuniziert man auf diese Weise ins Unternehmen hinein, dass man eine möglichst neutrale Entscheidung erreichen möchte." Für Jörg Diegmann, der bei der WARSTEINER Brauerei das Marketing

Sigrid Beiseken
Geschäftsführerin
selektiv media,
Frankfurt

der Ergänzungsmarken und das Trademarketing leitet, hat eine Pitchberatung ebenfalls viele Vorteile: „Zum einen hat man als Marketingverantwortlicher keinen umfassenden Überblick über die aktuelle Agenturlandschaft. Natürlich kennt man die üblichen Namen, die in der Fachpresse genannt werden. Aber es gibt eben noch andere Agenturen, die eine Relevanz haben und die kennt man nicht unbedingt. Hier können Pitchberater eine wertvolle Hilfe sein. Außerdem können sie den Dialog zwischen Agentur und Unternehmen fördern, denn die zwei Hauptbeteiligten sprechen hier nicht immer dieselbe Sprache. Es kann leicht zu Missverständnissen kommen. Pitchberater können moderieren und übersetzen und auf diese Weise dafür sorgen, dass einige Probleme erst gar nicht entstehen."

Natürlich gibt es auch bei den Agenturen Verantwortliche, die die Pitchberatung befürworten. Sigrid Beiseken, Geschäftsführerin der Frankfurter Agentur selektiv media, findet den Einsatz von Pitchberatern sinnvoll, wenn dem Auftraggeber die Zeit und/oder das Know-how fehlen, um selbst eine Agentur auszuwählen: „Wenn die Pitchberater dann noch neutral agieren und beim Kunden das Standing haben, die Abläufe zu gestalten, ist alles bestens. Hinzu kommt, dass man gerade bei Pitches um große Budgets und bei internationalen Kunden die Strukturen nicht gut kennt. Pitchberater können hier wichtige Hinweise geben, wer für was verantwortlich ist. In einer solchen Situation finde ich es besser, einen Pitchberater zu fragen, als mir mühsam selber Schneisen durch das noch unbekannte Unternehmen zu schlagen." Roland Bös, Geschäftsführer der Hamburger Agentur Scholz & Friends, sieht dies ähnlich: „Einige Pitchberater

Roland Bös
Geschäftsführer
Scholz & Friends,
Hamburg

verfügen über strategische Tools für die Planung und Begleitung von Pitches, die sich mittlerweile über Jahre bewährt haben. Dies kann für alle Beteiligten bei komplexen Projekt-Strukturen ein Weg zu einer noch größeren Transparenz sein."

3.1.2.2. Contra Pitchberater

Eine andere Meinung vertritt Martin Blach, CEO der Hirschen Group: „Ich kann noch verstehen, dass man einen Pitchberater engagiert, weil es so viele spezialisierte Agenturen gibt, über die der Kunde nicht selbst den Überblick hat. Pitchberater arbeiten aber dann oft nicht im Sinne des Kunden, wenn sie unter der Prämisse, für eine vermeintliche Chancengleichheit zu sorgen, das Vorgehen der einzelnen Agenturen beeinflussen. Wenn wir es als Agentur beispielsweise sinnvoll finden, weitere Gespräche mit dem Kunden zu führen, wenn wir

Torben Bo Hansen
Geschäftsführender
Gesellschafter
Philipp und Keuntje,
Hamburg

zum Beispiel mit dessen Mitarbeitern vor Ort sprechen wollen, dann wird dies von den Pitchberatern oft nicht zugelassen. Die anderen Agenturen hätten dann nicht die gleichen Chancen wie wir, heißt es zur Begründung. Mit einem solchen Vorgehen vergeben sich aber alle Beteiligten etwas, weil sie nicht alle Möglichkeiten der Kommunikation nutzen. Wenn Pitchberater eine solche Verengung zulassen oder sogar fördern, dienen sie ihrem Kunden nicht."

Ebenfalls auf das Thema der scheinbaren Chancengleichheit bezieht sich Torben Bo Hansen, geschäftsführender Gesellschafter der Hamburger Agentur Philipp und Keuntje: „Vergessen Sie Chancengleichheit, die gibt es für Sie ja auch nicht im Kampf mit Ihrem Wettbewerb. Bei der Suche nach einer Agentur ist es sogar hochgradig kontraproduktiv, wenn alle Agenturen künstlich gleichgestellt werden. Aber genau dieses Vorgehen findet man leider häufig, wenn Pitchberater dazwischengeschaltet werden: So solle erreicht werden, dass keine Agentur einen Vorteil habe. Natürlich ist es sinnvoll, dass die Ausgangs-

situation für alle gleich ist. Aber ab diesem Moment wünsche ich mir als Kunde doch eine Agentur, die sich den Kopf darüber zerbricht, wie sie sich einen Vorteil verschaffen und die Aufgabe besser lösen kann als die anderen. Die Zusammenar-

Martin Blach
Geschäftsführer
Hirschen Group,
Hamburg

beit im Pitchprozess sollte so offen, iterativ und manchmal auch konstruktiv anstrengend sein, wie man es sich auch später für eine feste Zusammenarbeit wünscht. Warum sollte ich als Agentur akzeptieren, dass es künstliche Beschränkungen gibt, nur damit mein Konkurrent nicht von meinen besseren Fragen oder meinem Prozesswissen profitiert? Eine Agentur, die nicht um des besseren Endergebnisses willen ihren Vorteil sucht, macht doch etwas falsch: Sie findet sich mit Umständen ab, die sie aber ändern könnte. Wird sie das dann nicht auch nach einem Pitchgewinn so halten? Das sichtbarste Zeichen, dass solche Gleichmacherei nichts bringt, bekommen Kunden, die Agenturen auch noch gemeinsam briefen. Die Fragerunde danach ist hoch spannend: Bis wann müssen wir unser Angebot abgeben? Wer nimmt von Ihrer Seite an der Präsentation teil? Haben Sie einen Beamer vor Ort? Absolut niemand gibt etwas darüber preis, welche Gedanken er zur Aufgabe hat, bzw. wo er Chancen und Ansatzpunkte sieht. Wenn dann noch nach dem Briefing alles mit allen geteilt wird, dürfen Kunden sich nicht wundern, wenn sie bei der späteren Zusammenarbeit mit der Siegeragentur eine unangenehme Überraschung erleben. Agenturen können eben nur so gut sein, wie Kunden es ihnen erlauben. Und diese Kunden sollten keine Agenturen küren, die solche Hindernisse auf dem Weg zum wirksamsten Ergebnis akzeptieren, die man gemeinsam auch beseitigen könnte."

Ein solches Kapitel kann und soll nicht beendet werden, ohne dass ein Vertreter der Zunft der Pitchberater ebenfalls zu Wort kommt. So argumentiert Jan-Piet Stempels von der Hamburger Pitchberatung Roth Observatory International: „Als ich anfing, mich im Pitchbusiness in Deutschland zu etablieren, begegnete mir ein Misstrauen auf Agenturseite, über das ich mich zunächst nur wundern konnte. Schließlich ist ein guter Pitchberater mehr als ein Projektmanager, der Requests for Information und Timings durch die Welt mailt. Ein seriöser Vertreter meiner Zunft schützt vor überambitionierten oder unfertigen Briefings. Er schafft die nötige Transparenz und Prozess-Sicherheit für alle beteiligten Player. Als Pitchberater ist man Kummerkasten und Kindergärtner, Mutmacher und Mentor – und das in beide Richtungen. Das bedeutet aber: 80 Prozent der wahren Leistungen einer Pitchberatung passieren hinter den Kulissen und bleiben unsichtbar. Schließlich ist der Berater lediglich in der Rolle des Moderators und

Brückenbauers; die wichtigen Player sind die jeweilige Marke, der Kunde und die beteiligten Agenturen. Für diese gilt es, eine bestens präparierte Bühne zu bauen, damit – im idealen Fall – der Kunde im Finale entweder die Qual der Wahl hat oder sich sofort mit der Entscheidung für einen Kandidaten ganz sicher sein kann. Um die richtigen Kandidaten für diese Bühne zu identifizieren, bedarf es einer externen Instanz mit Branchen-Know-how und einem Gespür für Menschen und Marken. Ergo: Die Angst vor Pitchberatern ist nur dann berechtigt, wenn es an den oben beschriebenen Fähigkeiten mangelt – und am Ende am Respekt vor den Leistungen der Agenturen."

Der Blick über den Tellerrand

Russel Wohlwerth, Principal, External View Consulting Group, Los Angeles, USA

Changing agencies is a serious business

Changing agencies is a serious business. The agency search process is just the tip of the iceberg; it takes the typical company 12 to 18 months to fully integrate a new agency into their marketing operations and have them working at maximum efficiency. Too many marketers think of their agencies as disposable resources. Thoroughly evaluate your agency relationship – and its underlying root problems – before deciding to place an agency in review. You may find it is more efficient to address and fix your agency relationship problems rather than enter into a new relationship only to find the old problems resurfacing.

3.2. Der Pitchprozess: Der Weg zu einer langen Beziehung

Gesetzt den Fall, man will eine neue Agentur suchen und dies soll über einen Pitch passieren, so sind im Vorfeld einige Fragen zu klären. Man wird versuchen, möglichst sinnvolle Bedingungen zu schaffen. Was vor dem Pitch dafür zu tun ist, wird im Folgenden beschrieben.

3.2.1. Vor dem Pitch: Vor der Partnerwahl

In vielen Unternehmen ist der Pitch selbst bei kleinen Projekten ein reflexartig genutztes Standardinstrument, um eine Agentur auszuwählen. Die damit einhergehenden Probleme werden noch massiver, wenn nicht richtig gebrieft wird oder nur wenige Rückfragen möglich sind. Ein Pitch wird wohl kaum zu einem akzeptablen Ergebnis führen, wenn Bedingungen wie die folgenden gelten:

„Die Präsentation soll in zwei Wochen sein, der Ansprechpartner, der den Pitch organisiert, ist bis dahin in Urlaub. Zur Etathöhe sagen wir nichts. Wir erwarten zuerst von den Agenturen Vorschläge, was man machen sollte. Grundsätzlich wollen wir den Bekanntheitsgrad unseres Wettbewerbers erreichen. Unseren eigenen, derzeitigen kennen wir nicht." Am Ende eines solchen Prozesses kann man als Kunde nur über die Agentur frustriert sein, die sich ihrerseits darüber ärgern dürfte, dass ein sinnvolles Arbeiten gar nicht möglich war. Bevor ein Unternehmen mit Überlegungen zu einem Pitch beginnt, sollte es sich im Klaren darüber sein, wie die genaue Aufgabenstellung lautet und welche konkreten Rahmenbedingungen dafür gelten.

3.2.1.1. Aufgabe definieren: Was man braucht

Ist die Aufgabe auch für das werbungtreibende Unternehmen unklar, so kann es eine gute Lösung sein, einige Agenturen zu einem Workshop einzuladen. Dabei kann man zusammen Ideen erarbeiten, welche Aufgabe genau zu lösen ist und in welcher Richtung man weiter vorgeht. Dieser Weg ist zwar arbeitsintensiver, führt aber zu besseren Lösungen. Für Agenturen ist es mehr als frustrierend, wenn sie vor ihrer eigentlichen Aufgabe ein halb gares Briefing zuerst noch zu einem finalen bearbeiten müssen.

Auch für Heike Lorenz, Director Business Development bei Jung von Matt in Hamburg, hält die Definition der Aufgabe für ein wichtiges Thema: „Werbetreibende Unternehmen wissen oft nicht, wie sie eine Aufgabenstellung im Rahmen der Kommunikation definieren und angehen sollen. Deswegen suchen sie ja auch nach Beratung durch eine Agentur. Insofern sind solche Fragezeichen völlig unproblematisch und sollten offen angesprochen werden. Es gibt vielfältige Möglichkeiten, Licht ins Dunkel zu bringen. Eine Möglichkeit kann zum Beispiel sein, einen Workshop zu aktuellen Aufgaben und Fragen zu machen. Eine solche Form der Arbeit kostet zwar Zeit und somit Geld für Vorbereitung, Durchführung und Nachbereitung. Aber da man einen Tag oder einen halben miteinander arbeitet, erhält man idealerweise nicht nur Lösungen, sondern lernt sich auch kennen. Nach einer solchen Veranstaltung wissen die Unternehmen sehr viel besser, mit wem sie arbeiten möchten." Martin Blach, CEO bei der Hirschen Group, sieht dies ähnlich: „Nach einem Workshop kann man viel besser einschätzen, wie die Agenturen arbeiten und mit welchen Menschen man es zu tun hat. Auch wenn man diesen aufwendigen Weg nicht im ersten Schritt gehen will, kann man Agenturen anrufen und sie bitten, mit ihnen für eine Stunde über ausgewählte Fragen zu sprechen. Selbst mit einer solchen Lösung kann man viel erreichen. Ich kann mir nicht vorstellen, dass sich Agenturen dagegen wehren."

Armin Reins
Geschäftsführer
REINSCLASSEN,
Hamburg

Einzelne Aufgaben an dieser Stelle zu definieren, wäre unsinnig, denn jede Aufgabe hat ihre ganz individuellen Besonderheiten. Ich möchte vielmehr nur die grundsätzlichen Richtungen aufzeigen, in die eine Aufgabenstellung gehen kann. Für Armin Reins, Geschäftsführer der Hamburger Agentur REINSCLASSEN, lassen sich Projekte in mindestens zwei große Kategorien untergliedern: „Der erste Block besteht in der Arbeit an der Marke. Hier muss man ansetzen, wenn sich die eigene Marke nicht mehr ausreichend von anderen unterscheiden lässt, bzw. wenn man hier Veränderungen sieht. Der zweite große Block betrifft die Kommunikation. Also die Frage, ob die Marke ausreichend von der Zielgruppe verstanden wird. Beide Aufgaben muss man voneinander unterscheiden können, da man für jede eine anders spezialisierte Agentur benötigt."

3.2.1.2. Prozess definieren: Wie man Agenturen beschafft

Bevor der eigentliche Pitch beginnt, ist die folgende Frage zu klären: Wer macht wann was? Schwierig für alle Beteiligten ist ein Prozess, der nicht stimmig formuliert ist. Die Entscheider können und sollen bestimmte Bereiche delegieren, aber eine grundsätzliche Ansprechbarkeit muss gewährleistet sein. Seniore Mitarbeiter müssen nicht das Briefing selbst von A bis Z schreiben, aber mindestens die Gewähr dafür tragen, dass es für die Agentur eine gute Arbeitsgrundlage ist. Natürlich müssen sie einen „Oversight" über das Timing und die Inhalte haben. Für Mitarbeiter, die das nicht wissen, gilt: fragen.

Die Gefährten
MEHR VERKAUFEN

Alexander Kopp
Geschäftsführer
Die Gefährten, Köln

Alexander Kopp, Geschäftsführer der Kölner Agentur Die Gefährten, spricht einige Verbesserungsmöglichkeiten an: „Da mittlerweile Pitches für kleine Budgets (15.000 bis 30.000 Euro Agenturhonorar) an der Tagesordnung sind, werden zum Teil wertvolle Ressourcen im Marketing und Einkauf auf die Agenturauswahl verwendet. Bei Unternehmen steht der durchaus nachvollziehbare Wunsch dahinter, nicht nur die beste Ideen zu erhalten, sondern diese auch zum besten Preis zu bekommen; dies gilt gerade dann, wenn der Einkauf involviert ist. Allerdings fehlen häufig die Zeit, die Ressourcen und die Erfahrung, um das sinnvoll vorzubereiten. Man denke an den Praktikanten, der auf die Schnelle das Briefing schreibt und die Agenturen screent: Geht man so vor, schöpft man Potenziale nicht aus und wertbringende Agenturen nehmen möglicherweise nicht am Pitch teil. Dem Briefing fehlen häufig klare Zielgruppendefinitionen und relevante Insights. Auch drängt sich hier und da der Eindruck auf, dass die Marktforschung mit der heißen Nadel gestrickt wurde. Als Ergebnis bekommt man dann zwar zehn- bis zwanzigseitige Konzepte, aber häufig entscheiden aufgrund einer unklaren Strategie am Ende doch nur Geschmacksfragen. Weniger entscheidend sind die Fragen nach dem Strategie-Fit und danach, wie gut das Konzept arbeiten wird, schlichtweg weil die Strategie sehr unklar ist. Umgesetzt wird häufig die ‚schönste und kreativste Idee', mit der man intern einen guten Case aufzeigen kann."

3.2.1.3. Screening und Shortlist: Konkrete Partner finden

Will man einen Pitch durchführen, so geht es dabei um zwei zentrale Fragen: Wie viele Agenturen will ich überhaupt einladen und nach welchen Kriterien werden die Kandidaten gewählt? Beginnen wir mit dem letzten Punkt. Analysiert man eine Pitchliste, so entsteht oft der Eindruck, dass sie eher nach dem Zufalls-prinzip zusammengestellt wurde. An wen erinnert man sich, an wen erinnert sich die Assistentin und welche Agentur kann sie noch recherchieren? Natürlich kann man so vorgehen, aber ob eine solche bauchgestützte Methodik

Peter Brawand
Geschäftsführer
BrawandRiecken,
Hamburg

zu einem sinnvollen Ziel führt, ist zumindest strittig. Peter Brawand, Geschäftsführer der Hamburger Agentur BrawandRiecken, berichtet: „Ich frage immer freundlich nach, warum man gerade uns zu einem Pitch einladen möchte. Die schönste weil nachvollziehbarste Antwort ist natürlich, wenn uns bestehende Kunden empfohlen haben oder man unsere Arbeiten kennt und uns deswegen besser kennenlernen möchte. Stutzig werde ich allerdings, wenn nach meiner Frage erst einmal ein langes Schweigen folgt. Die Ansprechpartner haben sich offensichtlich bisher wenig Gedanken darüber gemacht. Wobei es natürlich auch mal passieren, dass nur der Anrufer selbst nicht im Detail informiert ist, man sich im Hintergrund aber sehr wohl überlegt hat, warum gerade wir eingeladen werden. Oft sind an einer solchen Entscheidung ja mehrere Mitarbeiter beteiligt. Dann hat der Marketingleiter vielleicht seinem Einkauf oder seinem Produktmanager gesagt, dass man uns anrufen soll. Einmal rief zum Beispiel ein Marketingleiter an, der sich nur kurz gemeldet hat, um anzukündigen, dass seine Assistentin Kontakt zu uns aufnehmen wird, um uns einzuladen. So geht es natürlich auch. Ein zweiter Aspekt noch zum Thema Agentureinladung: Wir sind schon kurz nach unserer Gründung zur ‚Newcomer-Agentur des Jahres' gewählt worden und wurden danach von ein paar Unternehmen offensichtlich nur aufgrund dieser Auszeichnung eingeladen. An der Stelle hätte ich mir schon gewünscht, dass man sich vorab ein wenig tief gehender über uns informiert hätte." Unternehmen, die Agenturen auf eine Longlist setzen, sollten sich wenigstens über die Kernkompetenzen der Agentur und deren Branchenerfahrung schlaumachen. Wichtig ist es auch, zu eruieren, welche Projekte die Agentur erfolgreich abgeschlossen hat und wie sie der eigenen Marke helfen kann.

Für einige Unternehmen sind Kreativ-Rankings ein wichtiger Anhaltspunkt, um eine Agentur einzuladen. Das ist nachvollziehbar, immerhin bekommt man über diese Listen einen schnellen Überblick. Vor allem Agenturen, die es neu in die Rankings geschafft haben, fallen hier auf. Armin Reins plädiert jedoch dafür, sich die Arbeiten der Agenturen genauer anzuschauen: „Viele Verantwortliche machen es sich zu einfach, wenn sie primär Kreativ-Rankings nutzen oder sich die großen Agenturen allgemein ansehen. Viel entscheidender ist es nach meiner Meinung, sich die Arbeiten der Agenturen angeschaut zu haben und danach eine Auswahl zu treffen. Was haben die Agenturen tatsächlich geleistet und haben sie eine Sichtbarkeit erreicht? Zu viele Entscheider fallen nach meiner Einschätzung auf Vordergründigkeiten rein. Als Stichwort seien hier die berühmten Goldideen genannt, mit denen man zwar Preise gesammelt hat, die aber nie eine Öffentlichkeit gesehen haben. Hier müssen viele Entscheider genauer hinschauen. Genauer hinschauen muss man auch bei der Frage, mit wem man am Ende des Tages zusammenarbeitet. Es gibt immer noch zu viele Fälle, in denen der Geschäftsführer und der CD am Pitch teilnehmen, in denen man aber diese Personen später nur noch selten sieht."

Werbung benötigt auch auf Kundenseite geeignete Strukturen und Prozesse, die schnell und effizient sind. Wie haben sich diese in den letzten Jahren verändert?

Die Erhebung fand im Januar 2014 statt. 151 Agenturverantwortliche haben online geantwortet.

sehr verbessert	3
verbessert	42
weder noch	82
verschlechert	17
sehr verschlechtert	7

Auch für Markus Engel, Vorstand der Engel AG, einer Media-Agentur für Haushaltmarketing in Bad Orb, beginnt die Suche nach dem richtigen Agenturpartner, bevor der offizielle Prozess der Agentursuche gestartet wird. Vorteilhaft ist es dann, wenn man eine eindeutige Meinung dazu vertreten kann, wie der neue Partner aufgestellt sein muss und welche Aspekte wichtig für eine funkti-

onierende Partnerschaft sind. Lege ich Wert auf ein glo-
bales Netzwerk? Ist mir wichtig, dass es sich um eine
inhabergeführte Agentur handelt? Wie viel Erfahrung in
der Branche braucht mein Partner? Das sind einfache
Fragen, aber sie können entscheidend dafür sein, dass
ich die richtigen Agenturen zum Pitch bitte und so auch
Ergebnisse erwarten kann, die meinen Bedürfnissen
entsprechen. Ein professionelles Agentur-Screening
kann helfen: Der Suchprozess gleicht dabei relevante
Aspekte des Agentursuchenden mit den entsprechen-

Markus Engel
Vorstand
Engel AG, Bad Orb

den Leistungsprofilen der Anbieter ab. So entsteht eine objektive Auswahl an
potenziellen Agenturen – theoretisch. Denn das professionelle Screening deckt
selbst auch nur einen Teil der Parameter ab: Außen vor bleiben ‚weiche' Faktoren wie Sympathie, Engagement, Flexibilität. Häufig lohnt sich ein Blick über
den Tellerrand und damit über das klassische Suchraster hinaus."

Mit allen Pitchteilnehmern sollte man sich grundsätzlich eine Zusammenarbeit vorstellen können. Es sollte also schon vor der Reduktion der Long- auf
die Shortlist ein persönlicher Agentur-Kontakt erfolgt sein. Unternehmen sollten nur eine überschaubare Anzahl von Agenturen zu einem Pitch einladen. Die
Obergrenze für eine Shortlist sollte bei fünf Teilnehmern liegen, bei einer höheren Zahl sinken die Gewinnchancen für die Agenturen zu sehr. Weiterhin muss
nicht nur die Agentur, sondern auch das Unternehmen Zeit und Kosten investieren: Spätestens nach dem Briefing muss der potenzielle Kunde individuell auf
die Agenturen eingehen, am besten immer mit denselben Mitarbeitern.

Alexander Kopp sagt dazu: „Ob und wie viele andere Agenturen am Pitch teilnehmen, wird von vielen Unternehmen leider nicht kommuniziert. Dabei ist dies
ein wichtiges Kriterium für eine Agentur, um zu entscheiden, ob die Teilnahme
sich lohnt. Wir haben leider erfahren müssen, dass schon die reine Nachfrage nach den Pitchteilnehmern negativ ausgelegt wurde. Wir sind der Meinung,
dass die gleichen Bedingungen für alle Teilnehmer gewährt werden sollten.
Dazu gehört, dass es eine Transparenz des Wettbewerbs gibt."

3.2.2. Während des Pitches: Ratschläge, die unterstützen

Im besten Fall hat sich das Unternehmen also alle Agenturen, mit denen es in den Pitch geht, schon im Vorfeld genau angesehen. Der nun folgende Pitch sollte als ein Prozess angelegt sein, dessen Länge vom Umfang der Aufgabe abhängt. Mit Prozess ist sicher nicht gemeint, dass man nach dem Briefing abtaucht und sich erst zur Präsentation wiedersieht. Unternehmen sollten den Pitch als Möglichkeit betrachten, über einen gewissen Zeitraum hinweg die Agenturmitarbeiter näher kennen und besser verstehen zu lernen und so – im Gegenzug – auch selbst besser verstanden zu werden. Unternehmen sollten sich außerdem zusichern lassen, dass sie auch im Tagesgeschäft mit den Menschen zusammenarbeiten, mit denen sie es im Pitch zu tun haben. Gerade bei größeren Agenturen gibt es reine Wettbewerbs-Teams. Wenn man es dann im Tagesgeschäft mit anderen Mitarbeitern zu tun hat, kann dies zu Problemen führen. Neben dem Zeitraum, den man den Agenturen einräumen sollte, um zu guten Ergebnissen zu kommen, heißt dies auch, möglichst viele Touchpoints zu bieten.

Das Unternehmen kann sich vorbehalten, die mitpitchenden Agenturen nicht namentlich zu nennen, aber wie viele Agenturen teilnehmen, sollte immer offen verkündet werden. Nur dann kann sich die Agentur ausrechnen, ob eine Teilnahme sinnvoll ist. Aber dieses Mindestmaß an Offenheit und Transparenz findet man bei den Unternehmen nicht immer. Bent Rosinski, Geschäftsführer der Hamburger Agentur Lukas Lindemann Rosinski berichtet: „Ein Pitch wird immer noch wie ein Staatsakt behandelt. Die Anzahl der Agenturen, die Namen der Agenturen, die Teilnehmer auf

Bent Rosinski
Geschäftsführer
Lukas Lindemann
Rosinski, Hamburg

Kundenseite, die Prozess-Schritte, all das wird oft nicht klar kommuniziert. Bei der holländischen Rabobank haben wir das zum Beispiel ganz anders erlebt: Es gab ein gemeinsames Briefing mit allen Agenturen, einen gemeinsamen Mailverteiler, über den der Kunde gegebenenfalls im Nachgang Ergänzungen senden konnte und es wurde klar kommuniziert, welche Agentur in der nächsten Runde ist. So ein Vorgehen motiviert, weil es den Wettbewerb anstachelt." Offenheit fördert den Wettbewerb und spornt die Agenturen an. Viele Unternehmen glauben aber offenbar eher an eine gegenteilige Wirkung.

Ebenso fordert Günther Misof, Geschäftsführer der Peter Schmidt Group in Hamburg, mehr Offenheit: „Bei einem Pitch – zumindest wenn es nicht um eine Einmal-Kampagne oder eine Below-the-Line-Aktivität geht – sollte es vornehmlich um Partnerschaft gehen. Offenheit und Ehrlichkeit auf beiden Seiten sind geboten. Leider hat sich aber ein Rowdytum wie im Straßenverkehr entwickelt, das keine rote Ampel und kein Einbahnstraßenschild mehr kennt und das oftmals nur von Taktieren und Tricksen beherrscht wird. Wie soll sich auf einer solchen Grundlage eine vertrauensvolle und von gegenseitiger Wertschätzung geprägte Zusammenarbeit auf Augenhöhe entwickeln, die für Beratungsaufgaben unerlässlich ist?"

3.2.2.1. Touchpoints: Viele Berührungspunkte schaffen

Günther Misof
Geschäftsführer
Peter Schmidt Group,
Hamburg

Kommunikation ist ein Geschäft zwischen Menschen und deswegen sollte man diese Menschen auch möglichst gut verstehen. Nur so kommt es zu wirklich guten Ergebnissen. Mit Menschen sind hier nicht zuerst die Entscheider des Unternehmens und der Agentur gemeint. Um Insights für die Kommunikations-Kampagnen zutage zu fördern, muss die Agentur mehr wissen. Genau das wird der Dienstleister nur herausfinden, wenn er sich mit dem Unternehmen beschäftigen kann. Für diese Touchpoints muss gesorgt werden. Laut Wikipedia sind Touchpoints „Schnittstellen der Marke bzw. des Unternehmens zu möglichen, tatsächlichen oder ehemaligen Kunden, Lieferanten, Mitarbeitern und anderen Stakeholdern. Bei Kunden und Lieferanten kann der Kontakt über einen Touchpoint vor, während oder nach einer Transaktion (z. B. Kauf) erfolgen, und zwar sowohl im Business-to-Business- als auch Business-to-Consumer-Bereich. Eine Bank zum Beispiel besitzt eine breite Palette an Touchpoints. Hier eine Auswahl: Kundenberater (direktes Gespräch, Telefonat), Kontoauszug, Events, schriftliche Angebote, Website, IT-Systeme, Research-Berichte der Bank, Sponsoring, Electronic Banking, Geschäftsstelle etc."

Für Martin Blach ist es wichtig, mehr über den Kunden in Erfahrung zu bringen als aus dem Briefing zu erfahren ist: „Nur wenn man die Gelegenheit hat, mit mehr Menschen als nur dem Marketingleiter zu sprechen, kann man das Problem und die Marke erfassen. Wir suchen dazu die Gespräche mit den Entscheidern, aber auch mit den Leuten von der Basis. Geht es um einen Handelskunden, so können wir aus einer Unterhaltung mit einem Verkäufer in einem Markt viel erfahren. Mit solchen Gesprächen kann man eine bessere Akzeptanz für eine Kampagne erreichen, weil viel mehr Leute von Beginn an eingebunden wurden. Wenn Kunden dies nicht zulassen, geben sie einer Agentur nicht die Möglichkeit, sich intensiv mit der Aufgabe zu beschäftigen und bekommen dann ein Ergebnis, das nicht dem Optimum, was sie erreichen können, entspricht. Das ist schade für alle Beteiligten."

Markus Hanauer
Geschäftsführer
Spirit Link Medical,
Erlangen

Torben Bo Hansen sieht dies ähnlich: „Ein reiner Beauty Contest, in dem Agenturen sich nach einem vorgegebenen Raster vorstellen und dann zurückziehen dürfen, bis der potenzielle Auftraggeber die Guten ins Töpfchen tut (= Pitch) und den Rest nach Hause schickt, wird dem nicht gerecht. Wenn Sie die für Sie und Ihre Aufgabe am besten geeignete Agentur suchen, geben Sie dieser auch die Chance, Sie besser kennenzulernen. Wenn wir die typische Kundenfrage ‚Warum glauben Sie, dass wir mit Ihnen arbeiten sollten?' erhalten, stellen wir nach der Antwort darauf meist die Gegenfrage: ‚Warum denken Sie, sollten wir mit Ihnen arbeiten?' Nicht immer gibt es darauf eine plausible Antwort.“

Markus Hanauer, Geschäftsführer der Erlangener Agentur Spirit Link Medical, merkt grundsätzlich an, dass das Engagement einer Agentur gut mit der Aufgabe verglichen werden kann, einen neuen Mitarbeiter anzuheuern. „Auch hier gibt man sich nicht mit einem Gespräch zufrieden, sondern trifft sich mehrmals und veranstaltet sogar Assessment-Center. Dies sollte auch für die Auswahl einer Agentur gelten: Wer den passenden Partner finden möchte, sollte etwas mehr Zeit in das gegenseitige Kennenlernen investieren. So lässt sich feststellen, ob man nicht nur fachlich, sondern auch menschlich wirklich zueinander passt. Geht man den traditionellen Weg mit Briefing und Pitch-Präsentation, lässt sich kaum herausfinden, ob die Chemie stimmt und man sich eine langfristige Zusammenarbeit vorstellen kann. Ist die Agentur der Wahl dann an Bord, sollte ein offenes und direktes Feedback-System etabliert werden, das für einen kontinuierlichen Austausch sorgt. So kann die Beziehung weiter wachsen und eine vertrauensvolle Partnerschaft entstehen, von der alle Seiten profitieren. Aus meiner Erfahrung ist es fast immer der richtige Weg, gemeinsam an dieser Beziehung zu arbeiten, anstatt bei einem Konflikt sofort neu zu pitchen. Dies ist zwar eine schnelle, aber in den meisten Fällen keine gute Lösung.“

Für Lars Wöbcke offenbart ein Pitch auch, ob die Agenturen die Denke des Unternehmens teilen. „Dies zeigt sich im Rahmen der Präsentation, aber auch schon vorher beim Briefing. Wenn eine Agentur ihre Kreation primär nicht aus dem Kundenverständnis strategisch und von Insights getrieben baut, so spricht dies zum Beispiel gegen ein gemeinsames Verständnis. Merkt man aber, dass die Agentur die Kreation über Insights aufbaut und so zu Lösungen kommt, hat man eher eine gemeinsame Wellenlänge. Der zweite wichtige Baustein ist die Chemie zwischen den Menschen. Hier gibt es keine klaren Messkriterien und man muss sich auf seine Menschenkenntnis verlassen; es ist eben ein People Business."

Gerhard Mutter, Aufsichtsratsvorsitzender der Stuttgarter Werbeagentur DIE CREW, betont: „Um erfolgreich mit einem Kunden zusammenzuarbeiten, muss man ihn verstehen. Das ist die Voraussetzung, die Conditio sine qua non, die allerelementarste Vorübung überhaupt. Wenn ich nicht weiß, was mein Kunde will, wohin die Reise gehen soll, wie er tickt, was für Prioritäten er hat, was ihm auf den Nägeln brennt und was ihm auf der Seele liegt, brauche ich überhaupt nicht anzufangen, mir Gedanken über ein kreatives Produkt für ihn zu machen. Einfühlungsvermögen – ohne das läuft gar nichts."

3.2.2.2. Pitchhonorar: Zahlen oder nicht zahlen, das ist die Frage

Grundsätzlich ist die Idee prima, einer Agentur einen kleinen Job zu geben und dann zu entscheiden, wie und ob man danach weiter zusammenarbeitet. Verständlich ist es aber auch, wenn man zur Auswahl des Partners einen Pitch nutzt. Über die Frage, ob ein Pitchhonorar gezahlt wird bzw. werden muss, ist in der letzten Zeit hitzig, manche sagen zu hitzig diskutiert worden. Grundsätzlich stellt ein Entgelt eines von mehreren Parametern dar, die bei einer Entscheidung über die Pitchteilnahme berücksichtigt werden. Die Bereitschaft von Agenturen ist gestiegen, ohne Honorar an einer Ausschreibung teilzunehmen. Es gibt einfach zu viele Konkurrenten. Daran ändern auch die Darstellungen von einigen Agenturen nichts, sie pitchten grundsätzlich nie ohne Honorar. Auch wenn manche dies gebetsmühlenartig wiederholen, ist doch plötzlich keine Rede mehr davon, wenn ein namhafter, potenzieller Kunde zur Ausschreibung einlädt. Dürften und würden die Branchenverbände die Mitglieder ausschließen, die satzungswidrig ohne Entgelt an einem Pitch teilnehmen, würden sie sofort einen Großteil ihrer Mitglieder verlieren. Aber auch Unternehmen, die erst erklären, Agenturen kein Geld zu zahlen, handeln zuweilen anders, als sie dies nach außen verkünden. Ein Argument spricht zumindest partiell für ein Honorar: Was nichts kostet, kann kaum etwas wert sein. Daher ist ein Pitchgeld ein Baustein, der die Seriosität des Wettbewerbs unterstreicht.

Der Tipp für Werbungtreibende auf Agentursuche

Effizient pitchen

Peter Kuhn, beim Verband der Sparda-Banken in Frankfurt als Marketingleiter tätig, hat eine spannende und herausfordernde Möglichkeit entwickelt, um möglichst konzentriert für alle zu einem Ergebnis bei einer Pitchpräsentation zu kommen: „Beim letzten Pitch habe ich eine Sanduhr genutzt, die nach 45 Minuten durchgelaufen ist. Die Agenturen waren über dieses Zeitlimit vorher mehrmals informiert worden. Heute muss jemand eine zentrale Idee innerhalb von 15 Minuten zeigen können. Wenn bis dahin der Funke nicht übergesprungen ist, passiert das später auch nicht. Wenn man die zentralen Kernpunkte nochmals zusammenfasst, ist das o.k., dann holt man die Leute ab. Aber das muss kurz und bündig sein. Bei der Präsentation sind oftmals die ersten 15 Minuten wichtig. Die Sanduhr hat bei uns dazu geführt, dass wir effizient und diszipliniert waren. Es hat gezeigt, wie gut das Zusammenspiel der Präsentatoren war."

Mit einem Pitchgeld kann und will die Agentur keinen Deckungsbeitrag erreichen, aber ein Teil der Kosten sollte gedeckt werden. Immerhin erwarten die Kunden ja von der Agentur, dass sie zu ihnen an den Firmensitz kommt. Diese Reisekosten zum Beispiel, aber auch die Kosten für weitere Dienstleister, die die Agentur beauftragt, soll das Pitchgeld zumindest teilweise decken. Ein mir bekanntes Unternehmen hatte eine erstaunliche Begründung dafür auf Lager, dass man kein Entgelt an die großen Agenturen zahlen würde, die man zum Pitch eingeladen hatte: Man habe dann ja weniger Geld, um die Mediakosten zu begleichen. Eine solche Begründung ist barer Unsinn. Ein Pitchhonorar, auch eines, das an mehrere Agenturen gezahlt wird, steht in keinem Verhältnis zur Höhe der Gelder, die für wirkungsvolle Media fließen.

Zum Thema Pitchvergütung sagte mir ein Verantwortlicher, dass ein Pitch aus seiner Sicht für Agenturen eine Möglichkeit ist, einen neuen Kunden zu gewinnen. Er sieht nicht, dass man für eine Akquise noch Geld zahlen soll. Deswegen werden Pitches nicht vergütet. Möchten das Unternehmen, dass zum Beispiel bestimmte Werbemittel im Rahmen des Pitches extra produziert werden, so ist man nach Absprache bereit, diese Kosten zu zahlen. Ein anderer Ansprechpart-

Ulrich Beuth
Marketingleiter
Flensburger Brauerei,
Flensburg

ner berichtete, dass er zu einem Pitch sechs Agenturen eingeladen hat. Nur eine hat auf einer Vergütung bestanden und ist deswegen ausgestiegen. Mit den anderen fünf Agenturen gab es zwar diesbezüglich Diskussionen, aber ein Honorar hat das Unternehmen letztlich nicht gezahlt. Außerdem wurde vereinbart, dass nur um die kreative Dachidee gepitcht wurde. Die Umsetzung verantwortete wieder eine anderen Agentur. Auch dies wurde mit den Agenturen diskutiert, ist aber am Ende des Tages akzeptiert worden. Viele Agenturen werden sicher an dieser Stelle Unverständnis äußern, denn oftmals verdienen sie erst bei der Umsetzung überhaupt Geld. Diese Möglichkeit wird ihnen aber in einer solchen Konstellation von vornherein genommen. Der Ansprechpartner kann diese Argumentation nicht verstehen. So läuft das Geschäft nicht mehr. Auch als Werbung treibendes Unternehmen hat man keine Sicherheit darüber, ob man im nächsten Jahr noch die gleiche Menge an Produkten verkauft. Warum soll es Agenturen anders gehen? Auch das Argument, dass ein Pitch nur dann ernst gemeint ist, wenn dafür ein Honorar gezahlt wird, wurde nicht verstanden: Es ist doch schließlich kein Schnellschuss, einen Pitch auszuschreiben. Das bindet erhebliche Zeit vieler Mitarbeiter. Genau merkt man doch, dass das ganze Thema ernst gemeint ist.

Natürlich gibt es aber auch Entscheider, die klare Befürworter des Pitchhonorars sind. Dazu gehört Ulrich Beuth, Marketingleiter bei der Flensburger Brauerei: „Ich halte ein maßvolles Honorar für alle beteiligten Agenturen für sinnvoll. Wenn ich davon ausgehe, dass eine ordentliche Arbeit abgeliefert wird und man von jedem Vorschlag etwas lernen kann, auch wenn die Agentur nicht gewonnen hat, finde ich eine Honorierung einfach nur fair. Für mich ist der gesamte Zeitraum des Pitches wie ein individuelles Marken-Coaching. Dieses würde ich auch jedem Markenberater bezahlen. Einen Pitch durchzuführen, heißt aber, ihn sauber und intensiv vorzubereiten. Die Agenturen, die ich bei unserer letzten Ausschreibung eingeladen habe, habe ich mir vorher genau angeschaut. Ich wollte sichergehen, dass die Arbeiten, die ich gut fand und die mit Kreativ-Preisen gewürdigt wurden, reale Arbeiten waren und sich im jeweiligen Markt bewährt haben. Das hat viel Zeit und Mühe gekostet, denn bei einem Pitch ist es mit Briefing und Rebriefing nicht getan. Bei uns hatte man die Möglichkeit, sich mit Mitarbeitern zu unterhalten oder an Workshops teilzunehmen oder diese selbst zu entwickeln. Uns war es wichtig, dass die Agenturen die Marke Flensburger und den Markt verstehen. Keine der Agenturen habe ich als oberflächlich oder arrogant in Erinnerung, da diese die Angebote zu Informationen über Marke und Markt angenommen haben."

Sibylle Lingner
Geschäftsführerin
Lingner Marketing,
Fürth

Sibylle Lingner, Geschäftsführerin der Fürther Agentur Lingner Marketing, sagt zum Thema Pitchvergütung etwas Ernüchterndes und bringt das tägliche Geschäft auf den Punkt: „Wir nehmen an Pitches teil, wenn uns der Kunde interessiert. Dies machen wir nicht von einem Honorar abhängig. Ich gehe davon aus, dass sicherlich weniger als die Hälfte der Unternehmen ein Pitchhonorar zahlen. Gerade die großen Unternehmen wissen, dass sie attraktive Kunden sind; sie können sich das leisten. Ich habe Zweifel an der Behauptung, dass die meisten Agenturen nur an bezahlten Pitches teilnehmen. Ich sehe ja, wer mit uns pitcht und wer kein Geld erhält."

Gute Ratschläge, wie Sie als Werbungtreibende...

... die Agenturauswahl versemmeln:

- *Delegieren Sie diese Aufgabe an die Junioren, die können im Netz recherchieren.*
- *Nur der Name der Agentur zählt, suchen Sie Ihre Kandidaten primär in den Rankings.*
- *Nehmen Sie keinen persönlichen Kontakt auf; eine Mail vom Junior reicht doch völlig aus.*

Peter Scheer
Geschäftsführer
ASM, München

Wie nötig es Agenturen haben, sieht man, wenn kein Pitchhonorar angeboten wird. Viele Agenturen fragen dann noch nicht einmal danach. Auch wenn dies dann abgelehnt wird, lehnen die wenigsten Agenturen ab. Marketingverantwortliche reden darüber ganz offen. Einige Agenturen werden auch als oberflächlich und arrogant empfunden, wenn die Angebote zu einer weiteren Informationen über Marke und Markt nicht angenommen werden. Sie meinten, alles schon zu wissen. Diese „Wir-wissen-wie-das-läuft-Einstellung" stößt so gut wie immer auf Ablehnung.

3.2.2.3. Gut briefen: Beschreiben, was man braucht

Das Thema Briefing war in den Gesprächen mit Agenturverantwortlichen das mit dem größten Optimierungspotenzial. Agenturen sehen hier zum Beispiel das Problem, dass sich die Marketingverantwortlichen zu wenig über die Aufgabe im Klaren sind. Erst wenn man zusammensitzt, wird oft deutlich, was die genaue Aufgabe ist. Peter Scheer, Geschäftsführer der Münchner Agentur ASM, erkennt hier eine fehlende Gewichtung: „Wir haben den Eindruck, dass sich manche Entscheider auf Kundenseite mehr Zeit nehmen, ihren Dienstwagen zu konfigurieren als ihre neue Werbeagentur. Das zeigt eine mangelnde Auseinandersetzung mit dem Briefing sowie die mangelnde Kompetenz in der Fachdisziplin Marketing-Kommunikation. Wir beraten in solchen Fällen immer gerne und versuchen, diesem faktischen Mangel an Fachwissen konstruktiv zu begegnen. Wenn keine Beratungsresistenz vorliegt, finden wir häufig offene Ohren. Natürlich gehört dazu, dass es eine Idee davon gibt, welches Honorar am Ende des Tages, für ein Projekt oder für ein Jahr zur Verfügung steht. Eine solche Vorgabe ist zwingend notwendig, um allen Beteiligten eine Vorstellung davon zu geben, wo die Reise hingeht. Nicht nachvollziehbar ist es, wenn man diese Größe nicht nur ungenannt lassen will, sondern wenn man sie selber nicht einmal weiß."

Christiane Niehaus
Spezialistin
Kreation/Media
DEVK-Versicherungen,
Köln

Ein Briefing erfolgt zwingend schriftlich. Tut man dies nicht, so windet man sich aus seiner Verantwortung: Wenn man sich vorher nicht festgelegt hat, kann man es später nicht belegen. Schriftliches Briefen heißt also, Verantwortung zu übernehmen. Agenturen kann man in einer Situation, in der eine schriftliche Information fehlt, nur empfehlen, sich selber aufgrund der mündlichen Informationen ein Rebriefing zu schreiben und dies zur Freigabe an den Kunden zu schicken. Dies ist zwar mit Mehraufwand verbunden, gibt aber die nötige Sicherheit. Hier gilt das alte Motto: „Wer schreibt, der bleibt!" Christiane Niehaus, in Köln bei den DEVK-Versicherungen für die Kommunikation zuständig, unterstreicht genau dieses Vorgehen: „Ich kann nur jeder Agentur dazu raten, ein Briefing nochmals zusammenzufassen und als Rebriefing dem Kunden zu schicken. Es besteht einfach das Problem, dass Kunde und Agentur häufig nicht dieselbe Sprache sprechen und es deswegen zu einem Verständnisproblem kommen kann. Dies kann man lösen, indem man sich ein Rebriefing freigeben lässt. Nur mündlich zu briefen ist ein absolutes No-Go. So kann man sich als Kunde aus der Verantwortung nehmen. Gerade in diesem Fall ist es mehr als notwendig, dass die Agentur die gesagten Dinge zusammenfasst und nochmals zum Kunden schickt."

Sibylle Lingner sieht ebenfalls ein Problem in vielen Briefings, wenn diese zu ungenau sind: „Manchmal sind sie nur mündlich, was so nicht geht. Die Agentur schreibt dann ein Rebriefing und lässt sich dies vom Kunden absegnen. Auch wenn es ein schriftliches Briefing gegeben hat, schickt man es nochmals in kurzer Form schriftlich dem Kunden. Oft sind Briefings nämlich nicht eindeutig und gewinnen durch einen solchen Rebrief an Klarheit. Wir erleben es bei großen Kunden auch, dass nur mündlich gebrieft wird. In einer solchen Situation muss man schriftlich rebriefen. Tut man dies, ist die Kundenseite oft ganz erstaunt, weil man die Dinge doch eigentlich ganz anders gemeint hat. Häufig ist ein rein mündliches Briefing darauf zurückzuführen, dass die Kunden keine Zeit haben, das Thema schriftlich aufzubereiten." Sigrid Beiseken, Geschäftsführerin der Frankfurter Agentur selektiv media, sagt zum Thema Briefing: „Auch Teilaufgaben sollten abgegrenzt und eindeutig gebrieft werden. Mit solchen Teilaufgaben kann man ‚nur' die Arbeitsweise der Agentur transparent kennenlernen. Offene Kommunikation und ernst gemeintes Interesse vonseiten des Auftraggebers machen einen solchen Pitch für beide Seiten zu einem positiven Erlebnis."

Nochmals Bent Rosinski: „Es ist eine Unart, die in diesen Tagen gerne gepflegt wird: Man verschickt die Briefings per Mail und macht danach eine telefonische Fragestunde. Kein Briefingdokument dieser Welt kann so gut sein, dass es das persönliche Gespräch vor Ort ersetzen könnte. Meist verstehen die Kunden gar nicht, welche Informationen für die Agenturen relevant sind. Statt über die aktuell relevanten Fragen zu diskutieren, wird einem aber die ganze Unternehmenshistorie vorgeführt. Schönes Gegenbeispiel: Der Kunde Smart hat jede Agentur im Pitch zu einem separaten, eintägigen Briefingworkshop eingeladen – inklusive Testfahrten. Während dieser Zeit konnten alle Fragen – formell und informell – diskutiert werden."

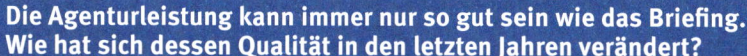

Die Agenturleistung kann immer nur so gut sein wie das Briefing. Wie hat sich dessen Qualität in den letzten Jahren verändert?

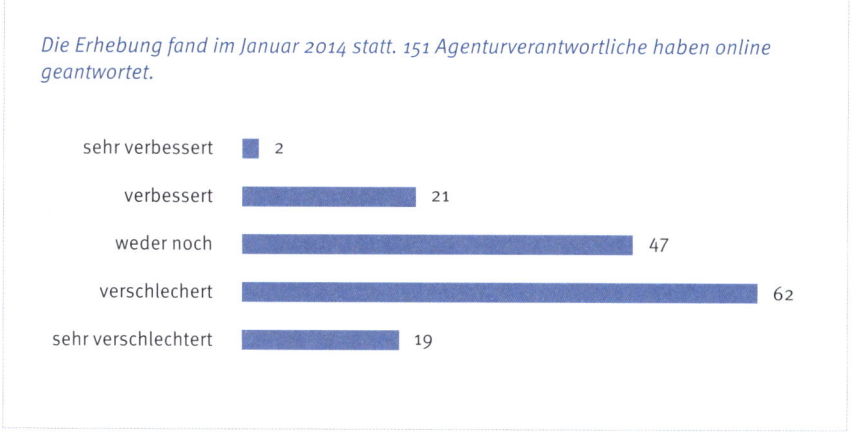

Die Erhebung fand im Januar 2014 statt. 151 Agenturverantwortliche haben online geantwortet.

sehr verbessert	2
verbessert	21
weder noch	47
verschlechert	62
sehr verschlechtert	19

Dass ein Kunde für Fragen nach dem Briefing zur Verfügung steht, ist sehr wichtig, nicht nur für die Agentur. Auch der Kunde selbst kann anhand der Nachfragen einen besseren Eindruck von der Agentur gewinnen. Geradezu dramatisch beurteilt Alexander Kopp, Geschäftsführer der Kölner Agentur Die Gefährten, das Problem der Erreichbarkeit des Kunden nach einem gestellten Briefing: „Das Briefing ist erstellt, die Agenturen, die teilnehmen dürfen, sind ausgewählt und das Timing für die Präsentationen ist gesetzt. Es sollten also keine Fragen offen sein, aber es gibt dennoch immer ungeklärte Dinge. Leider bekommen wir teilweise das Gefühl, dass Ansprechpartner mit dem Versenden des Briefings untertauchen bzw. anderweitig überlastet sind. Sie sind nicht mehr erreichbar. Offene Fragen können daher nicht geklärt werden. Dabei sollten doch gerade Unternehmen daran interessiert sein, dass sie klar, offen und einfach kommunizieren, denn je konkreter und transparenter die Fakten dargestellt sind, desto maßgeschneiderter kann die Agentur arbeiten."

Martin Deß
Geschäftsführer
Die Jäger, Röckersbühl

Mit dem Briefing sollte auch immer ein Schulterblick verbunden sein. Dieser dient der Feinjustierung und man kann schon in einem frühen Stadium beurteilen, ob der eingeschlagene Weg der richtige ist. Gerade bei komplexen Produkten und Dienstleistungen macht ein solches Vorgehen Sinn, denn der Agentur können nicht zwingend alle Aspekte mitgeteilt worden sein. Bei einem Schulterblick kann genau dies berücksichtigt werden.

3.2.2.4. Ziele definieren: Sagen, was man erreichen will

Wenn heute Kommunikation als Investition gesehen wird und man nicht mehr unterstellen will, dass 50 Prozent des Geldes zum Fenster hinausgeworfen werden, dann muss man Ziele festlegen, die man erreichen kann. Das heißt zunächst, dass man weiß, wo man startet. Viele Agenturen haben aber den Eindruck, dass man nicht zwingend über Ziele reden will. „Ich behaupte, dass die meisten Auftraggeber nicht wissen, was das Ziel des Pitches sein soll", sagt Bent Rosinski. „Allenfalls soll mal ihre bestehende Agentur ‚gechallengt' werden oder man will sehen, was so aktuell geht auf dem Kommunikationsmarkt. Die meisten Briefings sind daher total unspezifisch in der Zielformulierung. Selten können präzise Problemstellungen formuliert werden, die mit Kommunikation zu lösen sind. Die Kunden machen vorab keine saubere Ursachenanalyse für Probleme, sondern versuchen, tiefer gehende Struktur- oder Produktportfolio-Probleme mit Kommunikation zu erschlagen." Martin Deß, Geschäftsführer der Agentur Die Jäger, also eines Dienstleisters, der stark vertriebsorientiert arbeitet, merkt an, dass viele Briefings keine genauen Angaben zur Zielerreichung enthalten. „Dies ist aber wichtig und notwendig, weil wir als Agentur uns selber daran messen, was erreicht wurde. Aber gerade wenn man davon ausgeht, dass der Return on Investment in aller Munde ist und eine große Bedeutung hat, sollte man hier effizienter zusammenarbeiten. Kunden argumentieren immer, dass sie wissen wollen, was sie für ihr Geld erhalten. Das finde ich total richtig, aber dann sollten wir über die Ziele reden, die wir anstreben. Jedoch ist es für Marketingverantwortliche oftmals schwierig, die Ziele zu benennen. Deswegen geben sich viele lieber mit bunten Bildern als einer konkreten Aussage zufrieden. Ich kann das zwar verstehen, weil es eben leichter ist, aber das Bessere ist es nicht. Unternehmen sollten über ihre Ziele genauer nachdenken und dann mit den Agenturen gemeinsam den besten Weg dorthin festlegen. Nur so können wir Erfolge auch exakt messen."

Der Blick über den Tellerrand

Russel Wohlwerth, Principal, External View Consulting Group, Los Angeles, USA

Procurement is a welcome addition to the agency search process

Procurement is a welcome addition to the agency search process. It ensures that the marketer is working with the right agency – at the right price. However, unlike standard materials procurement, the marketing investment should not be viewed as an expense to be reduced but rather an investment that has a demonstrable Return On Investment (ROI). Great marketing can grow a business and have a major effect on the bottom line. Just as the cheapest stock may not yield the best return, buying marketing services from the lowest cost supplier may be a bad investment.

Gerade wenn man Kommunikation und Marketing stärker als treibende Kraft eines Unternehmens etablieren will, reichen bunte Bilder und wohlfeile Formulierungen nicht mehr. Will man sich mit den zahlengetriebenen Finanzleuten des Unternehmens auf eine Stufe stellen, so muss man seine Erfolge belegen können. Ohne Zweifel ist diese Fähigkeit bei vielen Agenturen nicht gut ausgeprägt, aber für die Marketingleiter sollte das in jedem Fall gelten.

3.2.2.5. Budgets: Wer Musik bestellt, muss sie bezahlen

Wenn es um das Thema Geld geht, verstummen die Beteiligten nach und nach. Dies erfahren Agenturen immer dann, wenn ein Betrag genannt werden soll, der für Konzeption und Umsetzung zur Verfügung steht. Vielen Kunden fällt es schwer, hier wenigstens eine grobe Hausnummer zur Orientierung zu nennen. Als Argument hört man stets, dass die Agentur dann nur solche Dinge plane und vorschlage, die in ihrem Interesse seien. Diese Argumentation ist fatal. Zu einem Autohaus geht man schließlich auch nicht in der Absicht, ein Auto zu kaufen, wenn man dem Verkäufer dann verheimlichen möchte, wie teuer der neue Wagen sein darf. Erst wenn der Verkäufer dies weiß, kann er sinnvolle Vorschläge machen. Wenn man aber als Agentur ohne eine Budgetgröße Vorschläge ausarbeitet, so ist die Chance groß, dass man nicht trifft. Natürlich kann man diese Falle umgehen, indem man nicht nur das ganz große Paket schnürt, sondern zusätzlich auch ein kleines und ein mittleres, aber ökonomisch ist das nicht. Wenn man ohne den finanziellen Rahmen zu kennen, eine umfassende Präsentation mit diversen Maßnahmen erarbeitet, stellt sich häufig heraus, dass der Kunde ein viel zu kleines Budget hat und die meisten (inhaltlich sinnvollen) Maßnahmen gar nicht realisierbar sind.

„Wichtig ist", so die Einschätzung von Michael Meier, Geschäftsführer von Schindler Parent, „dass man beim Briefing über das Budget sprechen kann und dieses erfährt. Die Agentur kann dann viel besser planen, welche Maßnahmen sinnvoll sind. Kunden haben nur eine geringe Neigung, diese Information preiszugeben, weil sie der Meinung sind, dass die Agentur das Geld dann nicht nutzt, um möglichst effizient zu arbeiten. Das ist ein Trugschluss, denn nur, wenn ich effizient arbeite, habe ich eine Chance, einen Folgeauftrag zu bekommen. Kunden merken, wenn das Budget dazu dient, den Profit der Agentur zu maximieren."

Heike Lorenz sagt dazu: „Wir fragen bei jeder Agenturauswahl konsequent nach, um welche Budgethöhe es geht. Dies ist extrem wichtig, weil wir nur dann die entsprechende Mannschaft und die Lösung darauf abstimmen können. Hat ein Kunde nur ein Budget von einer Million Euro, müssen wir nicht über TV-Werbung nachdenken. Außerdem wollen wir keine ganz genaue Größe haben, sondern nur eine Hausnummer und die bekommen wir meistens."

„Der Kunde, der nur das Budget für einen Solisten hat, aber dafür ein Orchester bestellt, sollte sich nicht wundern, wenn auf der Hochzeitsfeier keine Stimmung aufkommt", sagt Oliver Klein von cherrypicker. „Eine Agentur ist ein Wirtschaftsbetrieb und orientiert ihr Angebot und ihre Leistungen an den Verdienstmöglichkeiten. Und das wird in der Regel die quantitative und qualitative Zusammenstellung von Menschen und deren Zeitbedarf analog zum Budget sein. Wir raten heute nicht nur dem Marketing, sondern vor allem auch dem Einkauf, sehr konkrete Vorgaben zum Budget und zum etwaigen Leistungsumfang zu machen, wenn sie belastbare und vor allem auch halbwegs vergleichbare Angebote bekommen möchten. Dies erfordert bei vielen noch ein starkes Umdenken. Da die strategischen und kreativen Leistungen von Agenturen niemals gleich sein werden, kann es auch der Preis nicht sein. Daher macht es Sinn, wenigstens das Budget als Vorgabe zu benennen, um dann auf Basis dieser Vorgabe die dafür angebotenen Leistungen so gut wie möglich bewerten zu können."

Mit der Budgetfrage geht auch die Frage nach einer fairen Bezahlung einher. Dazu nochmals Oliver Klein von cherrypicker: „Geiz ist nicht mehr geil und ‚20 Prozent auf alles' ist pleite. Wer Top-Kreation erwartet, die ihn im Wettbewerb von anderen unterscheidet und Erfolg bringt, kann bzw. sollte nicht voraussetzen, dass er diese zum Schnäppchenpreis bekommt. Es ist wie immer im Leben: Top-Leistung ist nicht zum Schleuderpreis zu haben. Das fängt bereits beim Pitch-Honorar an und gilt selbstverständlich auch für die Zusammenarbeit mit Agenturen. Erwartet man von seiner Agentur kreative Spitzenleistungen, so muss man ihr auch ausreichende finanzielle Freiräume geben, in denen wirklich gute und wirkungsvolle Ideen entstehen können. Anders funktioniert das Geschäftsmodell Agentur nicht. Wer glaubt, dass er den besten Strategen oder den besten Kreativen einer Agentur zum Preis eines besseren Handwerkers bekommt, macht etwas grundlegend falsch. Das bedeutet aber auch, dass die Vergütung von Kreativleistungen zukünftig nicht mehr als Kosten verstanden werden sollte, sondern als Investment. An dieser Stelle müssen die Kunden umdenken, aber gleichermaßen auch die Agenturen. Die Teamarbeit zwischen Kunde und Agentur ist maßgeblich dafür, dass sich dieses Umdenken letztlich für beide Seiten auszahlt."

3.2.2.6. Der menschliche Faktor: Auf der gleichen Wellenlänge

Michael Schipper
Geschäftsführer
Schipper Company,
Hamburg

Darüber, dass man nur mit Dienstleistern arbeiten sollte, bei denen auch die menschliche Seite passt, haben wir im ersten Buchteil bereits gesprochen. Im Pitch menschelt es gewaltig. Wie vielversprechend eine Zusammenarbeit dieser Ebene sein wird, ist nicht messbar. Helfen kann hier nur, sich Zeit zu nehmen. Im ersten Schritt sollte man sich die Agenturen anschauen, die für eine Zusammenarbeit definitiv in Frage kommt (siehe dazu die Erfahrungen von Martin Dominicus im Kapitel 2.4.4.). Ein Besuch der Agentur-Räumlichkeiten vermittelt schnell ein gutes Gefühl dafür, welche Leute hier wie arbeiten. Man bemerkt Unterschiede, wenn man eine Agentur in Düsseldorf oder Frankfurt oder aber in einer kleinen Stadt besucht. Die Antwort auf die Frage, ob man miteinander kann, offenbart letztlich nur ein Test. Dieser kann mit einem Chemistry Meeting oder mit einem kleinen Probejob erfolgen. Chemistry Meetings werden hier als Teil des Pitchprozesses begriffen. Sie haben eine Dauer von 45 bis 60 Minuten und sollen neben der Frage nach der Chemie auch die klären, ob die Agentur die zu lösende Aufgabe versteht. Um dazu genügend Zeit zu haben, sollte die Agenturpräsentation, wenn es denn eine gibt, sehr kurz ausfallen. Das Bearbeiten der Aufgabe ist dann ein beidseitiger Prozess, in den sowohl das Team des Kunden als auch das Team der Agentur involviert ist. Auf Agenturseite sollten die Kollegen beteiligt sein, die den Kunden auch im Tagesgeschäft betreuen. Ein gesondertes Pitchteam dafür zusammenzustellen, wäre sicherlich ein Fehler. Durch die Fragen und Antworten, also das Challengen der Agentur, haben beide Seiten am Ende einen sehr guten Eindruck davon, wie Kunden und Agenturen ticken. Natürlich auch davon, ob sie zusammen ticken.

Michael Schipper, Geschäftsführer der Hamburger Agentur Schipper Company, ist der Auffassung, dass die Leistungen der meisten Agenturen austauschbar sind. Er schlägt deswegen ein außergewöhnliches Chemistry Meeting vor: „Wenn Kunden ähnliche Leistungen und Größen miteinander vergleichen,

Marco Ziegler
Managing Director
smartin advertising,
Köln

werden diese in vielen Bereichen vergleichbar, wenn nicht gar austauschbar sein; nur bei der kreativen Idee wird es voraussichtlich Unterschiede geben. Wenn der Output ein vergleichbarer ist, dann entsteht der Unterschied durch die handelnden Menschen. Also muss der Kunde herausfinden, ob und welche Menschen gut mit ihm arbeiten können. Nur wenn es zu einer optimalen Passung kommt, erhält er in der Folge auch eine herausragende Lösung. Und die Menschen setzen sich für ihn ein und laufen dann sogar die Extrameile. Ob Leute gut zusammenarbeiten, finden sie aber nicht heraus, wenn sie eine Präsentation gezeigt bekommen. Ich kann Kunden nur raten, aus den Präsentationsschlachten auszusteigen. Wäre ich Kunde, würde ich die Agentur bitten, einen Tag ganz nach deren Ideen zu gestalten. Vielleicht geht man spazieren, vielleicht kocht man zusammen. So lernt man, ob man zusammenpasst."

3.2.2.7. Prozesse synchronisieren: Gleich getan, viel gespart

Enorm wichtig ist es, die Arbeitsprozesse zu synchronisieren. Man muss wissen, wie lange die Agentur für die unterschiedlichen Prozess-Schritte benötigt und welche Informationen dafür jeweils notwendig sind. Dies gilt generell, hat im Pitch aber eine besondere Bedeutung. Schließlich muss man wissen, welche Informationen man wie geben muss, um zu einem bestimmten Ergebnis zu kommen. Dazu muss man als Unternehmen die Prozesse in einer Agentur verstehen. Heike Lorenz sagt dazu: „Die großen Markenartikelhersteller haben damit kein Problem. Sie arbeiten lange mit Agenturen zusammen und wissen, was diese benötigen. Schwieriger ist es bei einigen B-to-B-Unternehmen oder Start-ups. Hier muss man miteinander reden, um die Prozesse zu erklären und zu verstehen." Etwas anders sieht dies Marco Ziegler, Managing Director der Kölner Agentur smartin advertising: „Leider gibt es immer noch viel zu wenige Marketer, die wissen, wie eine Agentur in ihren Grundfesten funktioniert – und da ist es egal, ob wir von einer Kreativ-, Online- oder Below-the-Line-Agentur sprechen. Es gibt grundsätzlich überall die gleichen Prozesse, die für alle gelten.

55

Benjamin Minack
Geschäftsführer
ressourcenmangel,
Berlin

Wir machen es inzwischen so, dass wir Kunden zu uns in die Agentur zu den Agency-Days einladen, damit die Kollegen verstehen, wie unsere Arbeitsprozesse aussehen. Oft verstehen die meisten dann erst und zum ersten Mal, wie wir arbeiten. Aber die Prozesse zwischen Kunde und Agentur sollten klar definiert sein, ebenso wie die Frage, wer welche Aufgaben wie zu erfüllen hat. Und gerade diese Daily-Business-Prozesse sollten darüber hinaus immer regelmäßig auf ihre Richtig- und Sinnhaftigkeit überprüft werden."

Dirk Popp, CEO von Ketchum Pleon, sagt dazu: „Was das Zusammenspiel von Agenturen und Kunden angeht, so ist das gegenseitige Verständnis gerade von den Prozessen unterschiedlich. Tendenziell weiß man bei den großen Unternehmen, was man an Informationen an eine Agentur geben muss, um bis zu einem bestimmten Zeitpunkt ein Ergebnis zu erhalten. Hat man dieses Wissen auf Kundenseite nicht, so kann die Agentur helfen, es aufzubauen. Dazu gehört, dass Königreiche in der Agentur fallen. Ich habe nur ein geringes Verständnis dafür, dass Kundenberater den Kontakt zu ihren Kunden als ihre eigene Domäne verstehen. Auf der anderen Seite kann ich Kunden verstehen, die direkt mit den Kreativen sprechen wollen. Dies halte ich für absolut richtig, wenn es um Fragestellungen geht, die die Kreation betreffen, und wenn die menschliche und persönliche Ebene o.k. ist. Ängste, dass Kreative sich gegenüber Kunden unglücklich ausdrücken und dergleichen, halte ich für falsch und nicht mehr zeitgemäß."

3.2.2.8. Intern vernetzen: Wie Reden hilft

Nicht nur die interviewten Personen in diesem Buch berichten immer wieder davon, dass sie für einen Pitch ein Briefing erhalten, das sich als ungenau oder gar ganz falsch herausstellt. Auch eine weitere Annahme kann sich als irrtümlich erweisen: Zuweilen hat die Person, die anfangs als Entscheider auftritt, diese Rolle in Wahrheit gar nicht inne. Der Marketingleiter beraumt zwar den Pitch an und erstellt das Briefing, aber er interpretiert darin den Wunsch bzw. die

Vorstellung des Geschäftsführers oder des Vorstands. Diese Personen werden erst im Rahmen der Präsentation involviert und sehen sich dann häufig falsch wiedergegeben. Bent Rosinski sagt dazu: „Der Tod eines erfolgsversprechenden Pitches sind Marketingleiter, die keine saubere Verzahnung mit der Geschäftsführung erreichen. Oder sie meinen aus Eitelkeit, die eigentlichen Entscheidungsträger nicht frühzeitig einbinden zu müssen, manchmal kommt beides auch zusammen. Die Marketingleiter erzählen einem im Briefing, was ihrer Meinung nach erreicht werden soll. Auf dieser Grundlage bereitet man sich vor und in der entscheidenden Präsentation merkt man plötzlich, dass die Geschäftsführung ganz anderer Meinung ist. Das erlebt man immer wieder. Ohnehin machen wir häufig die Erfahrung, dass die Unternehmensspitze meist viel klarere (und pointiertere) Vorstellungen von dem hat, was man mit Kommunikation erreichen will als das Marketing."

Horst Wagner
CEO/CFO
Pixelpark, Hamburg

Etwas schwieriger stellt sich die Situation dar, wenn es sich nicht um einen nationalen Player, sondern um ein amerikanisches oder japanisches Unternehmen handelt. Hier ist es schwierig herauszufinden, wer die finale Entscheidung trifft. Diesen Aspekt kommentiert Heike Lorenz: „Gerade bei Pitches von amerikanischen und japanischen Unternehmen ist es meist nicht ganz einfach zu sagen, wer die letzte Entscheidung trifft. Wenn wir uns diesbezüglich nicht ganz sicher sind, fragen wir gezielt nach. In komplizierten Fällen kann es helfen, wenn unser Vorstand mit dem Vorstand des potenziellen Neukunden spricht. Dann haben die Mitarbeiter einen Ansprechpartner, der mit ihnen auf Augenhöhe spricht. Man kann diese Aufgabe aber nicht immer hundertprozentig lösen; wir erleben Fälle, bei denen der Entscheider erst in der Präsentation auftaucht."

Analoge vs. digitale Welt

Benjamin Minack, Geschäftsführer der Berliner Agentur ressourcenmangel beobachtet, dass viele Marketingentscheider, die in einer analogen Welt aufgewachsen sind, die Agentur nach alten Gewohnheiten auswählen: „Häufig wird in klassischen Kampagnen gedacht. Viel zu spät wird erkannt, dass man ja auch noch im Netz aktiv sein muss. So entstehen Ergebnisse, die das Potenzial nicht ausschöpfen.- Das Internet bietet jedoch ganz eigene Möglichkeiten. Daher muss heute anders gedacht werden. Die Trennung von analoger und digitaler Welt ist obsolet. Marketingverantwortliche sollten darauf achten, dass der klassische Kanal nicht mehr zwingend der prioritäre sein muss, an den man das Internet dann einfach andockt. Marketing hat die besten Aussichten auf Erfolg, wenn es die Möglichkeiten des Netzes verstärkt in den Blick nimmt."

Ähnlich sieht dies Horst Wagner, Verantwortlich für Publicis Germany und Pixelpark: „Die Kunden stellen sich immer besser auf die Herausforderungen der neuen Kommunikationsgewohnheiten und -kanäle ein. Das erfordert allerdings auch die konsequente Auflösung des ‚Silodenkens'. In den meisten Fällen gibt es immer noch die Fachabteilungen für Above-the-Line, Below-the-Line, Dialog, Customer-Relationship-Management, Digital, Events, Messen etc. Angesichts der aktuellen Anforderungen der Märkte und Zielgruppen ist dieser Ansatz aber nicht mehr zeitgemäß. Wer 360-Grad-Kommunikation von seinen Agenturen verlangt, sollte sich selbst entsprechend aufstellen."

3.2.3. Nach dem Pitch: Eine neue Liebe ist wie ein neues Leben

Nach dem Pitch ist vor dem Pitch. Auch wenn das im Grunde immer gilt, so lie-gen hoffentlich einige Jahre dazwischen und man ist in der Zwischenzeit mit der Wahl der Agentur zufrieden. Auch wenn jetzt die Zusammenarbeit mit der neuen Agentur im Mittelpunkt steht, sollte man doch den anderen Pitchteilnehmern ein Feedback geben, das ihnen hilft. Sie sollten wenigstens eine Chance bekom-men, zu erfahren, warum man nicht mit ihnen arbeitet, und das sollte zeitnah geschehen. Beginnen wir also mit dem Thema Feedback.

3.2.3.1. Feedback geben: Wiederhören macht Freude

Pitches sind in der Regel kein Tagwerk, sondern ziehen sich über Wochen und Monate hin. Gerade weil die Agenturen viel investiert haben, ist es nur fair, wenn man denen, die nicht gewinnen, erklärt, warum sie einer anderen Agentur den Vortritt lassen müssen. Es ist verständlich, dass man als Kunde in einer

Sascha Hartung
Geschäftsführer
neues aus hamburg,
Hamburg

solchen Situation mit der neuen Agentur beschäftigt ist, aber man sieht sich immer zweimal im Leben. Auch wenn man nicht immer genau auf den Punkt bringen kann, was letztendlich den Ausschlag gegeben hat, so sollte man doch den Versuch dazu unternehmen. Nicht nachvollziehbar ist es, wenn der Ansprechpartner des potenziellen Neukunden sich per se und dezidiert weigert, ein Feedback zu geben und ein solches Schreiben verfasst: „Sehr geehrte Damen und Herren,... Bitte sehen Sie davon ab, uns bezüglich der genauen Gründe telefonisch zu kontaktieren." Sascha Hartung, Geschäftsführer der Hamburger Agentur neues aus hamburg, wünscht sich eine bessere Feedback-Kultur von Kunden und potenziellen Neukunden. „Nach einem Pitch bekommt man leider nur selten Hinweise darauf, was und an welcher Stelle es nicht gepasst hat und was man hätte besser machen können. Dies ist einerseits nachvollziehbar, da es Mut von Seiten der Ansprechpartner braucht, hier die Dinge beim Namen zu nennen. Aber ein gutes Feedback hilft am Ende des Tages allen. Insbesondere die Agenturen können sich verbessern, wenn sie gut zuhören und die Kritik annehmen."

Peter Kuhn ist der Meinung, dass es für die Agenturhygiene wichtig ist, ein Feedback und Begründungen dafür zu bekommen, warum die Agentur nicht gewonnen hat: „Agenturen können aus meiner Sicht ein solches qualitatives Feedback einfordern und sollten dies auch tun. Das ist nützlich für beide Seiten. Wir haben vor dem Pitch eine Bewertung erarbeitet, um das subjektive Befinden in Grenzen zu halten. Was die Kosten angeht, haben wir ein Budget vorgegeben, das die Agenturen nach ihrem Gusto auf Media, Kreation und Produktion verteilen konnten. Eingeschränkt wurden die Agenturen nur durch einige KPIs, die wir erwartet haben. Über diesen Bewertungskatalog war es nach Abschluss des Pitches einfacher, zu begründen, warum eine Agentur gewonnen hat und andere nicht."

Marco Ziegler, Managing Director der Kölner Agentur smartin advertising, wünscht sich ein noch weitergehendes Feedback: „Optimierungsfelder" gibt es schließlich nicht nur auf Agenturseite: „Es wäre klasse, wenn Kunden end-

Sven Carsten Alt
Vorstand
SYNDICATE DESIGN,
Hamburg

lich anfangen würden, einsichtiger zu werden, wenn es darum geht, Fehler einzugestehen. Sind Unternehmen und Agenturen nicht Partner? Sollte man nicht immer ehrlich und transparent miteinander kommunizieren? Schließlich will man doch das gleiche Ziel erreichen. Die Agentur nur als reinen Dienstleister zu sehen, der günstig und schnell liefern muss, ist nicht die richtige Basis. Diese Sichtweise kommt nur deswegen zustande, weil viele Prozesse im Unternehmen oft nicht richtig aufgesetzt sind. Ein weiterer Grund kann aber auch darin bestehen, dass der Einzelne nicht zugeben kann bzw. will, dass er noch nicht genug Fachwissen besitzt, um die richtigen Entscheidungen zu treffen – wodurch dann das Arbeiten der Agenturen ineffizient und ineffektiv wird – Mehrarbeit, Mehrkosten, Frust und sinkende Qualität sind die Folge. Und leider werden noch viel zu oft Unternehmensentscheidungen und -probleme auch auf dem Rücken der Agenturen ausgetragen. Leider."

3.2.3.2. Fehlende Umsetzung: Weine nicht, wenn der Regen fällt

Immer wieder hört man von Pitches, bei denen es zwar einen Gewinner gibt, der aber nicht mit der gewonnenen Aufgabe betraut wird. Eine solche Situation ist für Agenturen schwierig – gerade wenn nur ein geringes Pitchentgeld gezahlt wurde. Sven Carsten Alt, Vorstand der Hamburger Design Agentur SYNDICATE DESIGN, beschreibt diesen Fall der fehlenden Umsetzung detaillierter und macht Lösungsvorschläge: „So etwas ist total ärgerlich. Wir haben zwar ein Pitchhonorar bekommen, aber das deckt bekanntlich nur einen Teil der Kosten. Um diese ärgerlichen Fälle abzufedern, sprechen wir mit Auftraggebern solche Themen vor einem Pitch ab: Wir fragen, wie eine Lösung für den Fall aussieht, dass wir zwar das Auswahlverfahren gewinnen, aber die Aufgabe nicht zur Umsetzung erhalten. Natürlich wird uns zuerst immer versichert, dass dieser Fall ganz sicher nicht eintritt. Wir möchten dann trotzdem über ein Honorar sprechen, das wir bekommen, wenn der Job nicht kommt. Das finden einige Unternehmen nicht toll, aber mit anderen kommt man zu einer Lösung

Knut Maierhofer
Geschäftsführer
KMS TEAM, München

und zu einem guten Ergebnis." Aus welchen Gründen aber passiert es, dass trotz Pitchgewinn der Auftrag zur Umsetzung nicht erteilt wird? Mit Sven Carsten Alt habe ich darüber gesprochen: „Natürlich ist es ärgerlich, wenn der gewonnene Job nicht zustande kommt. Dafür gibt es unterschiedliche Gründe: Eine erstaunliche Erklärung lautet so: Man hat zwar das Pitchhonorar, nicht aber die Kosten der Umsetzung eingeplant. Diese stellen sich für den Kunden offenbar erst dann als zu hoch heraus, wenn wir sie abgegeben haben. Es gibt aber auch Gründe, die verständlich sind, obwohl das am Ärger natürlich nichts ändert. Vielleicht hat das Unternehmen einen wichtigen Kunden verloren und hat jetzt weniger Geld. Bei internationalen Unternehmen, die ihre Zentrale in den USA oder in Asien haben, kann es vorkommen, dass von dort noch Einspruch erhoben wird, nachdem der Pitch-Prozess abgeschlossen ist. Auch wenn das nachvollziehbare Gründe sind, ist eines solche Situation für uns und jeden anderen, der sie erlebt, alles andere als befriedigend."

Auch für Knut Maierhofer, Gründer der Münchner Markenagentur KMS TEAM, gibt es Gründe, die nachvollziehbar sind und solche, für die er kein Verständnis hat: „Nicht plausibel nachvollziehbar sind Fälle, in denen es dem Auftraggeber nur um einen Erkenntnisgewinn geht oder aber die Honorare der Agentur ‚plötzlich' zu teuer sind. Nachvollziehbar sind Gründe wie ein Strategiewechsel oder veränderte wirtschaftliche Rahmenbedingungen, die eine Durchführung des angestrebten Projektes unsinnig werden lassen."

3.2.3.3. Entscheidungszeitraum: Kurz und gut

Für Agenturen ist es wichtig, dass Entscheidungen über Pitches möglichst zeitnah getroffen werden. Schwierig wird die Situation gerade dann, wenn ein Pitch schnell anberaumt wurde, dann aber viel Zeit bis zur Entscheidung vergeht. Hendrik Schunicht, Geschäftsführer der Bad Homburger Agentur Arts & Others und Vorstandsmitglied der Agentur-Allianz AIKA, stellt dazu fest: „Der Zeitraum

zwischen Angebot und Auftrag wird immer größer. Viele Unternehmen entscheiden nach wie vor zeitnah. Doch in den letzten Jahren haben wir zunehmend Fälle erlebt, bei denen sich die Entscheidungen lang hinzogen. Das ist unschön, besonders dann, wenn vorher für die Angebotserstellung oder den Pitchprozess nur wenig Zeit zur Verfügung stand." Hendrik Schunicht schildert einen Extremfall: „Letztes Jahr hieß es von einem Kunden zunächst, dass es nach einem gewonnenen Pitch sofort losgehen solle. Letztlich dauerte es dann aber mehr als drei Monate, bis der Startschuss für das Projekt fiel." Ähnlich lange

Hendrik Schunicht
Geschäftsführer
Arts & Others,
Bad Homburg

Vorläufe, sagt er, habe er früher in vergleichbaren Fällen nicht erlebt.

Bei allem Verständnis für den Kunden, die Planung der Agenturen wird durch ein solches Vorgehen massiv erschwert. „Dies gilt vor allem dann, wenn sich eine Entscheidung immer weiter verzögert, das Projekt dann aber sofort mit vollem Schwung losgehen soll. Die Agentur muss ja die Kapazitäten und die Planungsstärke haben, dies unmittelbar umzusetzen. Es wäre schön, wenn Kunden in solchen Fällen mehr Transparenz und eine höhere Verbindlichkeit bieten könnten", so Hendrik Schunicht.

Stichwort Transparenz: Die ist bei der Frage besonders wichtig, wer auf Kundenseite die Entscheidungen trifft. „Gerade bei neuen Kunden ist das für uns am Anfang nicht immer leicht zu beurteilen", sagt Hendrik Schunicht. Bei mittelständischen Unternehmen seien die Prozesse oft eindeutig und gut nachvollziehbar. „Bei Konzernen oder bei abteilungsübergreifenden Projekten kann das deutlich schwieriger sein. Das gilt zum Beispiel dann, wenn am Entscheidungsprozess ganze Gremien maßgeblich beteiligt sind. Beispiel Pitch: Gewinnt man, erfährt man hinterher in der Regel die Entscheidungsgründe. Gewinnt man nicht, wird es durch eingebundene Gremien nicht einfacher, eine solche Information valide zu erhalten."

Auch andere Agenturentscheider haben den Eindruck, dass zwischen Entscheidung und Information zu viel Zeit vergeht. Markus Engel, Vorstand der Engel AG, meint zum Beispiel: „Spannen Sie die Pitchteilnehmer nicht lange auf die Folter. Kommunizieren Sie klar, wann ein Ergebnis vorliegt, wer darüber informiert und halten Sie sich an diese Vorgabe – sowohl in Richtung Pitchgewinner als auch an die Agenturen, die das Nachsehen haben. Es gibt für die Pitchteilnehmer nichts Schlimmeres, als die schmerzhafte Niederlage von Dritten zu erfahren. Geben Sie, wenn möglich, Feedback – so erhalten die Agenturen wertvolle Tipps für die zukünftige Arbeit und gewinnen am Ende doch noch etwas dazu."

Der Tipp für Werbungtreibende auf Agentursuche

Natürlich ist die Stimmung mal nicht ganz oben und man hat im Augenblick auch keine Zeit, um mit einer Agentur, die sich erstmalig meldet, zu telefonieren. Dass man dann als Marketingmensch kurz angebunden ist, kann man durchaus nachvollziehen. Was aber überhaupt nicht geht, sind unverschämte oder gar beleidigende Reaktionen. Hier gibt es, und das ist gut so, nicht sehr viele Beispiele. Eines möchte ich aber trotzdem nennen: Eine Mitarbeiterin einer Agentur hat mit einem potenziellen Neukunden per Telefon Kontakt aufgenommen und berichtet dann, dass das Gespräch sehr unangenehm war. Es blieb nicht dabei, dass er unhöflich und stillos war. Er hat die Mitarbeiterin auch sexuell belästigt, indem er sich als Alternative für die Suche bei einer Kontaktplattform via Internet angeboten hat. Solche Reaktionen sind natürlich massiv zu verurteilen und gehen gar nicht.

Ähnliche Maßlosigkeiten hört man von persönlichen Treffen. Ich rede jetzt nicht von der Unhöflichkeit, während des Gesprächs oder der Präsentation zu telefonieren oder Mails zu beantworten. Beispielhaft meine ich einen Fall, wo eine Agentur sich im Vorfeld intensiv mit dem Kunden, seiner Arbeit und dessen Kunden auseinander gesetzt hat. Keine Frage, dass es bei einer solchen Außensicht immer zu blinden Flecken oder unterschiedlichen Wahrnehmungen kommen kann. Wenn dann der Gesprächspartner diese Vorarbeit der Agentur aber maßlos herabwürdigt und auch noch droht, Kunden der Agentur anzurufen, qualifiziert sich dieser Ansprechpartner automatisch für die Black List.

3.3. Zusammenfassung und Schlussbemerkung

Kommunikation macht einen Unterschied. Je komplexer Märkte werden, je austauschbarer Produkte und Dienstleistungen sind, desto wichtiger wird eine Kommunikation, die den sonst nicht mehr sichtbaren Unterschied schafft. Intern wird man nur selten für diese Kommunikation sorgen können, weil man hier meist nicht das nötige Know-how hat und nicht ständig aktualisieren kann. Agenturen müssen und können dabei helfen. Sich mit der Agenturfrage intensiv auseinanderzusetzen und in einer Agentur einen langfristigen Partner zu sehen, macht deswegen Sinn. Will ich aber mit einem Partner nicht nur kurzfristig zusammenarbeiten, so kann der Auswahlprozess nicht auf die Schnelle funktionieren. Natürlich gibt es Agenturen, mit denen die Zusammenarbeit nicht gut funktionieren würde, weil sie entweder nicht das versprochene Know-how haben oder weil man menschlich nicht optimal zueinander passt. Diese Agenturen aber herauszufiltern und eine zu finden, mit der die Zusammenarbeit fruchtbar ist, ist ein Prozess, der gut geplant und umgesetzt werden will. Das heißt, dass er mit Zeit und Geld verbunden ist. Investiert man beides gut, so kann man mit seiner Kommunikation den Unterschied machen, der am heutigen Markt unverzichtbar ist.

Dies gilt nicht nur für den B-to-C-, sondern immer stärker auch für den B-to-B-Bereich. Hier wird das Thema Marke immer wichtiger, weil man sich darüber differenzieren muss. Das reine Produkt reicht zur Differenzierung oft nicht aus. An dieser Stelle können die richtigen Agenturen wichtige Impulse setzen. Diese Partner zu finden, ist sicher kein Sprint, es sollte aber auch kein Marathon sein.

Checks und Vorbereitungsfragen für Kunden

Checks für Kunden
Der Agenturauswahl-Check (Vorbereitung):

Kreuzen Sie bitte bei den folgenden Fragen die vorgegebenen Antworten an. Fehlt die für Sie passende Antwort, so setzen Sie sie bitte entsprechend ein. Mehrfachnennungen sind möglich.

Nutzung der folgenden Möglichkeiten zur Agenturauswahl:

- ☐ Pitch
- ☐ Probeauftrag
- ☐ Workshop
- ☐ Agenturgespräch

Kriterien für eine Agenturauswahl sind:

- ☐ Erreichbarkeit
- ☐ Persönlichkeit der Menschen
- ☐ Erfolge bisheriger Arbeit
- ☐ Kompetenzen
- ☐ Kreativität
- ☐ Referenzen und Erfahrungen
- ☐ Zuverlässigkeit
- ☐ Kosten

Die Agentur sollte mindestens die folgenden Leistungen erbringen können:

- ☐ Klassische Kommunikation
- ☐ Corporate Design
- ☐ Events/Messen
- ☐ Online Kommunikation
- ☐ Verkaufsförderung
- ☐ Mobile Kommunikation
- ☐ Dialogmarketing
- ☐ PR

Im Online-Bereich sollte die Agentur mindestens in den folgenden Leistungen erbringen können:

☐ Social-Media
☐ Webseiten
☐ SEO/SEM

☐ Mobiles-Marketing
☐ Display-Advertising
☐ E-Mail-Marketing

Kontaktdaten:

Name: _____

Anzahl der Mitarbeiter: _____

Telefonnummer: _____

Mail: _____

Der Agenturauswahl-Check (während der Auswahl):

*Kreuzen Sie bitte bei den folgenden Fragen die vorgegebenen Antworten an.
Fehlt die für Sie passende Antwort, so setzen Sie sie bitte entsprechend ein.*

Anzahl der zu einem Pitch einzuladenden Agenturen:

☐ 2
☐ 4
☐ 6

☐ 3
☐ 5
☐ mehr als 6

Briefings finden bei uns meist in der folgenden Form statt:

☐ persönlich ☐ telefonisch
☐ per Mail

Für das Briefing stellen wir die folgenden Informationen zusammen:

☐ Wir beschreiben kurz und bündig die Aufgabenstellung.
☐ Wir beschreiben das Produkt und USP.
☐ Wir beschreiben die Zielgruppe und den Markt.
☐ Wir beschreiben die anderen und bisherigen Kommuikationsmaßnahmen.
☐ Wir stellen immer mindestens den groben Budgetrahmen da.

Für ein Rebriefing gibt es bei uns die folgenden Möglichkeiten:

☐ überhaupt nicht
☐ jede Agentur bekommt alle Fragen
☐ individuelle Gespräche

Kontaktdaten:

Name: Anzahl der Mitarbeiter:

Telefonnummer: Mail:

Der Check nach der Auftragsvergabe:

Kreuzen Sie bitte bei den folgenden Fragen die vorgegebenen Antworten an.
Fehlt die für Sie passende Antwort, so setzen Sie sie bitte entsprechend ein.

Feedback geben wir den Agenturen, die nicht gewonnen haben:

☐ immer telefonisch   ☐ manchmal persönlich

☐ nie   ☐ nur auf ausdrückliche Nachfrage

Die spezifische Arbeit der Agentur überprüfen wir:

☐ regelmäßig   ☐ manchmal

☐ selten   ☐ nie

Kontaktdaten:

Name: _____ Anzahl der Mitarbeiter: _____

Telefonnummer: _____ Mail: _____

Vorbereitungsfragen für Kunden

Zu klärende Fragen vor einem Auswahlprozess:

- *Warum genau suchen Sie eine neue Agentur?*
- *Möchte Sie mit einer inhabergeführten oder mit einer Network-Agentur arbeiten?*
- *Welche Größe soll die Agentur haben?*
- *Soll die Agentur spezialisiert sein oder ein breites Leistungsspektrum anbieten?*
- *Wie testen Sie, ob die Chemie passt?*
- *Welche Erfahrungen sind für Sie wichtig, was bisher betreute Produkte und Dienstleistungen angeht?*

Zu klärende Fragen für den Auswahlprozess:

- *Welchen Auswahlprozess wollen Sie nutzen? Muss es zwingend ein Pitch sein?*
- *Benötigen Sie externe Hilfe von Pitchberatern?*
- *Haben Sie alle verantwortlichen Personen in den Prozess einbezogen?*
- *Haben Sie die Bewertungskriterien bestimmt und ggf. gewichtet?*
- *Haben Sie ein für alle Seiten sinnvolles Timing erstellt?*

Zu klärende Fragen für das Briefing:

- *Haben Sie ein Briefing entwickelt, in dem deutlich wird, was Kommunikation für das Unternehmen, die Marke und die Entscheider bedeutet?*
- *Haben Sie ein ausführliches Briefing geschrieben, das aber trotzdem auf den Punkt kommt?*
- *Haben Sie ein spezifisches Briefings verfasst und auf Copy and Paste möglichst verzichtet?*
- *Der „Creative Brief", der sich aus dem Briefing ergibt, ist berücksichtigt?*
- *Holen Sie ein Feedback über die Qualität des Briefing ein und tragen Sie dafür Sorge, dass es verbessert wird?*

Zu klärende Fragen für die Auftragsvergabe:

- *Haben Sie die Art des Vertrages definiert (Werk- oder Dienstvertrag)?*
- *Haben Sie die Aufgabe und die Leistungen genau im Vertrag beschrieben?*
- *Haben Sie eine Vereinbarung, wann und über was sich Auftraggeber und Agentur informieren müssen?*
- *Haben Sie eine Lösung für die Vergütung gefunden?*
- *Haben Sie den wichtigen Punkt der Frage der Zahlungsziele berücksichtigt?*
- *Haben Sie Haftungsfragen, die Laufzeit des Vertrages und den Ausschluss der Konkurrenz berücksichtigt?*

Literaturverzeichnis

Altenburg, Thomas (2012): Kommunikation für Behörden und
Verwaltung. UVK Verlagsgesellschaft, Konstanz

Burrack, Heiko; Nöcker, Dr. Ralf (2008): Vom Pitch zum Award. Wie
Werbung gemacht wird, Insights in eine ungewöhnliche Branche.
Frankfurter Allgemeine Buch, Frankfurt

Burrack, Heiko (2009): Erfolgreiches New Business für
Werbeagenturen. BusinessVillage Verlag, Göttingen

Burrack, Heiko (2011). Die Werbepropheten und ihre dröhnenden
Lautsprecher. BusinessVillage Verlag, Göttingen

Jung, Holger; von Matt, Jean-Remy (2007): Momentum – Die Kraft,
die Werbung heute braucht. Lardon Media, Hamburg

Jung, Holger; von Matt, Jean-Remy (2008): Stimmen aus dem
Aquarium. Hermann Schmidt, Mainz

Kowalsky, Jan (2012): Marketing wie aus dem Bilderbuch.
Frankfurter Allgemeine Buch, Frankfurt

Ogilvy, David (2000): Geständnisse eines Werbemannes.
Econ Verlag, Düsseldorf.

Reins, Armin (2002): Die Mörderfackel. Hermann Schmidt, Mainz

Reins, Armin; Classen, Veronika (2010): Die Sahneschnitte. Die neue
Mörderfackel. Hermann Schmidt, Mainz

Roman, Kenneth (2010): David Ogilvy. Campus Verlag, Frankfurt

Fotocredits

Heiko Burrack

Matching. Marketing-Entscheider im Dialog
So geht erfolgreiches New Business heute

Matching. Agentur-Chefs im Dialog
So geht erfolgreiche Agenturauswahl heute

ISBN: 978-3-936182-51-4

New Business Verlag GmbH & Co. KG
Nebendahlstraße 16, 22041 Hamburg
Tel: +49 40 609009-0
Fax: +49 40 609 009-15
info@new-business.de

Produktmanagement: Anja Kruse-Anyaegbu
Art Direction / Umschlaggestaltung: Matias Becker
Illustrationen: Jan Kowalsky
Lektorat: Thirza K. Albert

Druck: Lehmann Offsetdruck, Norderstedt
© Copyright 2014 by New Business Verlag GmbH & Co. KG
29,80 Euro

Heiko Burrack

Matching

Marketing-Entscheider im Dialog

So geht erfolgreiches New Business heute

Über dieses Buch

Wie beurteilen Marketing-Entscheider das New Business von Kommunikationsagenturen? Was sagt also die Zielgruppe der Agenturen zu deren Vorgehensweisen, neue Kunden zu gewinnen? Was ist gut, wo können sie sich verbessern? Welchen Rat geben wiederum Agenturchefs den Marketers, wenn sie auf der Suche nach einem neuen Dienstleister sind? Wo sehen sie typische Fehler und wie lassen sich diese vermeiden?

Der New Business-Spezialist Heiko Burrack hat über 80 Marketing-Verantwortliche, Agenturchefs und Branchenexperten interviewt, um diese zentralen Fragen einer erfolgreichen Zusammenarbeit zu klären. Damit ist dieses Werk einerseits ein praxisorientierter Akquise-Ratgeber für Agenturen und andererseits eine Auswahlhilfe für das Marketing. Erprobte Wege, viele Tipps und nachvollziehbare Checklisten helfen, den Auswahlprozess zu optimieren und den Erfolg bei der Zusammenarbeit zu maximieren. Dieses Buch ist eine Pflichtlektüre für Agenturen und für das Marketing.

Inhaltsverzeichnis

BITTE HIER WENDEN

Matching – Erfolg lässt sich „erarbeiten"

Selbst unter besten Bedingungen halten die Beziehungen zwischen Kunden und Kommunikationsagentur nicht auf Dauer. Irgendwann zieht selbst der treueste Auftraggeber von dannen, das weiß jeder Agenturgeschäftsführer. So steht er vor der Herausforderung, ständig die Augen aufzuhalten und rechtzeitig für Ersatz zu sorgen, um der Agentur immer genug Einnahmen zu bescheren.

Das Neugeschäft gehört daher zu den wichtigsten Tätigkeitsfeldern einer jeden Agentur. Erfolge im Neugeschäft sind notwendig, um die mittel- bzw. langfristige Existenz der Agentur zu sichern. Der Wettbewerb um die Kunden ist nicht nur deutlich härter, sondern auch viel dynamischer geworden.

Der New-Business-Berater Heiko Burrack hat zusammen mit Auftraggebern und Agenturmanagern die vielfältigen Aspekte der Geschäftsbeziehung zwischen beiden Seiten ausgeleuchtet und analysiert. Entstanden ist ein über 200 Seiten starkes Werk mit vielen praktischen Tipps, wie sich das Neugeschäft erfolgreicher gestalten lässt. Anhand vieler O-Töne wird deutlich, was für Kunden relevant ist, was sie erwarten, wie sie Agenturaktivitäten bewerten und welche Faktoren für einen erfolgreichen Abschluss wichtig sind. Heiko Burrack hat dank seiner guten Vernetzung sowohl auf Kunden- wie auch auf Agenturseite Nutzwert und Authentizität in Einklang gebracht und so ein Buch verfasst, das in dieser Art und Weise einmalig ist.

Der Titel „Matching" bringt das zum Ausdruck, was Autor und Verlag allen Lesern wünschen – nämlich das für beide Seiten erfolgreiche Zusammenspiel der Interessen, Ziele und Vorgehensweisen.

In diesem Sinne wünschen die „Matching"-Macher eine ebenso anregende wie aufschlussreiche Lektüre

Peter Strahlendorf
Verleger New Business Verlag

1. Vorspiel

1.1. Über den Autor

Heiko Burrack (geboren 1967) studierte BWL mit dem Schwerpunkt Marketing an der Georg-August-Universität in Göttingen. Danach arbeitete der Diplomkaufmann in der Kundenberatung unterschiedlicher Agenturen (Dorfer Dialog, McCann Erickson). Im Jahr 2003 gründete er Burrack New Business Advice. NB Advice berät Agenturen und Unternehmen, die ihre Kernleistung im Marketingbereich haben, bei der strategischen und operativen Neukundengewinnung.

Neben dieser Tätigkeit ist Heiko Burrack als Referent, Trainer und Coach tätig. Er publiziert regelmäßig in unterschiedlichen Fachzeitschriften und ist Autor der Bücher „Vom Pitch zum Award" (mit Dr. Ralf Nöcker), erschienen im Mai 2008 im FAZ-Verlag, Frankfurt, „Erfolgreiches New Business für Werbeagenturen" (September 2009) und „Die Werbepropheten und ihre dröhnenden Lautsprecher" (Februar 2012); beide Bücher erschienen im Verlag BusinessVillage, Göttingen.

1.2. Über den Illustrator

Jan Kowalsky (geboren 1976) ist gelernter Werbekaufmann und hat Wirtschaftskommunikation in Edinburgh und Toronto studiert. Er ist neben seiner Tätigkeit als Marketing- und Werbeexperte auch als Dozent an der Hochschule tätig. Aus seiner Feder stammt „Marketing wie aus dem Bilderbuch" (2012, FAZ-Verlag, Frankfurt), das erste Marketing-Bilderbuch mit dem Ziel, die Marketing-Literatur in Zukunft etwas bunter zu gestalten.

Für das vorliegende Buch hat er beide Seiten gezeichnet: den Agentur- und den Marketingmann. Allerdings beide durch die Augen des jeweils anderen. So entstand das Klischee des biederen Kunden mit Nickelbrille und Rechenschieber. Daneben steht das Stereotyp des Werbefuzzis mit Clownkrawatte und ausufernder Kreativität. Denn Jan Kowalsky kennt beide Seiten ganz genau, hat er doch sowohl im Marketing großer Konzerne als auch in Agenturen gearbeitet. Er ist sich sicher: Nur wenn die Klischees begraben werden und sich beide Parteien als Partner begegnen, gibt es nicht nur eine Chance für das Neugeschäft, sondern auch für eine langfristige Zusammenarbeit.

1.3. Danksagung

Ich bedanke mich bei allen Gesprächspartnern, die mir Einblicke in ihr Geschäft und ihre Gedanken gewährt haben. Bei Torsten Müller möchte ich mich für seine Unterstützung bedanken, was spannende Gesprächspartner angeht. Danke an Karola Heise, Jürgen Hanschur und Dirk Engel für ihr mehr als hilfreiches Feedback. Bei Thomas Altenburg möchte ich mich für seinen Input zum Thema „öffentliche Ausschreibungen" bedanken. Er ist Dozent und Buchautor. Darüber hinaus berät er öffentliche Auftraggeber und Agenturen in Kommunikationsfragen und bei den notwendigen Vergabeverfahren. Bei Thirza Albert bedanke ich mich für das zügige und gute Lektorat. Hier gibt es mehr Informationen: www.lektorat-albert.com

Blue-eyed boy meets a brown-eyed girl, the sweetest thing.
Dieses Buch ist Sarah gewidmet.

1.4. Gesprächspartner Marketing: Zeit zum Reden I

Dr. Jörg Barth	Boehringer Ingelheim	Corporate Head Therapeutic Area Oncology
Ulrich Beuth	Flensburger Brauerei	Marketingleiter
Jörg Diegmann	WARSTEINER Brauerei	Trademarketingleiter
Bernd Dippold	ALTHEN	Leiter Marketing
Boris Dolkhani	KUKA Roboter	Head of Corporate Marketing
Martin Dominicus	Carl Zeiss, Camera Lens Division	Marketingleiter
Claudia Endres	Ringfoto	Leitung Marketing/Vertrieb
Claus Fesel	DATEV	Leiter Marketing und Kommunikation
Berthold Figgen	Procter & Gamble Germany	Ehemaliger Marketingleiter
Christoph Giloy	SAHM	Marketingleiter
Roland Haase	Claas	Leiter Marketing Kommunikation
Florian Hamsch	EUROPA Versicherungen	Leiter Marketing/Werbung
Silke Hecht-Nölle	Philips CL	Director Trade Shopper Marketing
Stefan Hein	Musterring International	Marketingleiter
Jürgen Herrmann	Alfred Ritter	Marketingleiter
Dominik Kaiser	Harmonic Drive	Leiter Kommunikation
Gunther Klamp	Lexus	Kommunikation
Peter Kuhn	Verband der Sparda-Banken	Bereichsleiter Markt
Matthias Leier	Vorwerk	Trade-Marketingleiter
Johannes Mauss	Rabenhorst	Marketingleiter
Christiane Niehaus	DEVK-Versicherungen	Spezialistin Kreation/Media
Godo Röben	Rügenwalder Mühle	Marketingleiter
Katharina Rubbert-Störmer	Targobank	Bereichsleiterin Marketing
Frank Sahler	1. FC Köln	Marketingleiter
André Schloemer	Unitymedia	Senior Vice President Brand Management & Corporate Communication
Johannes Schmalenstroer	Deutsche SiSi-Werke	Leiter Vertrieb und Marketing
Stephen Schuster	WMF	Marketingleiter
Fabian Seelenbrandt	Euromaster	Marketing Director
Björn Simon	Yello Strom	Marketingleiter

Martin Sir	Hyundai Motor Deutschland	Head of Marketing Communication and Trade Marketing
Thomas Spreitzer	T-Systems International	Marketingleiter
Karen Strewe	Pfizer Consumer Healthcare	Marketing Director
Sandra Sydow	The Swatch Group	Marketingleiterin
Angelika Wesselkamp	DORMA Deutschland	Campaign Management, Brand & Products
Bernd Wild	Tamaris bei Wortmann	Marketingleiter
Rene Will	SEW-Eurodrive	Leiter Unternehmenskommunikation
Lars Wöbcke	Nestlé Deutschland	Communication & Corporate Marketing Director

1.5. Gesprächspartner Agenturen: Zeit zum Reden II

Sven Carsten Alt	SYNDICATE DESIGN	Vorstand
Sigrid Beiseken	selektiv media	Geschäftsführerin
Martin Blach	Hirschen Group	Geschäftsführer
Roland Bös	Scholz & Friends	Geschäftsführer
Peter Brawand	BrawandRiecken	Geschäftsführer
Martin Deß	Die Jäger	Geschäftsführer
Markus Engel	Engel	Vorstand
Vera Grote	Johanssen + Kretschmer	Business Director
Torben Bo Hansen	Philipp und Keuntje	Geschäftsführender Gesellschafter
Markus Hanauer	Spirit Link Medical	Geschäftsführer
Sascha Hartung	neues aus hamburg	Geschäftsführer
Alexander Herweg	department one	Geschäftsführer
Alexander Kopp	Die Gefährten	Geschäftsführer
Dr. Günter Lewald	bplusd	Geschäftsführer
Dr. Lars Lammers	Pahnke Markenmacherei	Managing Director
Sibylle Lingner	Lingner Marketing	Geschäftsführerin
Heike Lorenz	Jung von Matt	Director Business Development
Knut Maierhofer	KMS TEAM	Geschäftsführer

Michael Meier	Schindler Parent	Geschäftsführer
Benjamin Minack	Ressourcenmangel	Geschäftsführer
Günther Misof	Peter Schmidt Group	Geschäftsführer
Gerhard Mutter	DIE CREW	Aufsichtsratsvorsitzender
Gert Pieplow	VERTIKOM	Chief Sales Officer
Dirk Popp	Ketchum Pleon	Geschäftsführer
Armin Reins	REINSCLASSEN	Geschäftsführer
Bent Rosinski	Lukas Lindemann Rosinski	Geschäftsführer
Hendrik Schunicht	Arts & Others	Geschäftsführer
Peter Scheer	ASM	Geschäftsführer
Michael Schipper	Schipper Company	Geschäftsführer
Horst Wagner	Pixelpark	CEO/CFO
Maximilian Wolde	HTW/O Sales	Geschäftsführer
Marco Ziegler	smartin advertising	Managing Director

1.6. Gesprächspartner Beratung: Zeit zum Reden III

Mehrdad Amirkhizi	Horizont	Redakteur
Daniel Borchers	ONEtoONE	Redakteur
Michael Gass	Michael Gass Consulting	Geschäftsführer
Andreas Gruhl	Aller ! Best	Geschäftsführer
Peter Hammer	Werben & Verkaufen	Redakteur
Karola Heise	Marketing Beraterin & Agentur Coach	Geschäftsführer
Robb High	Robb High Consultant	Geschäftsführer
Reiner Kepler	new business	Chefredakteur
Oliver Klein	cherrypicker	Geschäftsführer
Thomas Meichle	CoEffizienz	Geschäftsführer
Charles Meyst	AgencyFinder.com	CEO & Chairman
Christian Niemeyer	Francis Drake	Geschäftsführer
Jan-Piet Stempels	Roth Observatory International	Regional Managing Partner
Ralf Strehlau	Anxo Management Consulting	Geschäftsführer
Russel Wohlwerth	External View Consulting Group	Principal

1.7. **Was dieses Buch will: Butter bei die Fische**

Wenn man nach einem ersten ein zweites Buch zum selben Thema schreibt, muss es gute Gründe dafür geben. Schließlich soll das vorliegende Buch keine bloße Fortsetzungsgeschichte von „Erfolgreiches New Business für Werbeagenturen" sein. Es baut darauf auf, kann aber auch unabhängig davon gelesen werden. Diesem Buch liegt die Einschätzung zugrunde, dass die Meinung von Beratern zweitrangig ist, wenn es um das Thema Neugeschäft geht. Viel wichtiger ist, was die Zielgruppe zum New Business der Agenturen sagt. Deren Meinung ist die entscheidende Größe und das Maß aller Dinge. Genau deswegen habe ich das Gespräch mit Entscheidern von potenziellen Kunden gesucht. Ich wollte von ihnen wissen, was sie am New Business von Agenturen gut und was sie verbesserungswürdig finden. Dabei war es mein Ziel, eine möglichst große Bandbreite abzudecken, was unter anderem die Größe der Unternehmen betrifft, in denen die Entscheider beschäftigt sind. Zu Wort kamen sowohl internationale

Player wie Nestlé und Procter & Gamble, aber auch eher kleine Unternehmen, die eine regionale Bedeutung haben. Natürlich habe ich Gespräche mit Ansprechpartnern des Mittelstandes geführt, die sowohl im B-to-B- (sogenannte Hidden Champions) als auch im B-to-C-Bereich tätig sind. Aber auch Vertreter möglichst vieler unterschiedlicher Branchen sollten zu Wort kommen. Deshalb habe ich Gespräche mit Finanzdienstleistern, Nahrungsmittelherstellern, Unternehmen aus dem Automotive-Bereich und vielen weiteren Branchen geführt. Telefonisch oder persönlich habe ich die Meinungen von rund 40 Marketingverantwortlichen zum gesamten New-Business-Prozess eingeholt. Dieser beginnt bei der Strategie und der Positionierung und endet beim „Dranbleiben" nach der Präsentation.

Genauso wenig wie Agenturen auf eilige Kundenjagd gehen sollten, ist es Werbetreibenden zu empfehlen, auf die Schnelle eine Agentur zu heuern. Um zu verdeutlichen, warum es sich für beide Seiten lohnt, hier Zeit zu investieren, enthält dieses Werk einen zweiten Teil. Darin beschreiben Agenturentscheider, wie potenzielle Kunden am besten eine neue Agentur suchen und finden. In einer Zeit, in der Kommunikation den entscheidenden Unterschied macht, ist es wichtig, verlässliche Partnerschaften einzugehen. Dazu muss man die andere Seite verstehen und muss wissen, warum sie agiert, wie sie agiert. Deshalb ist dieses Buch spiegelbildlich aufgebaut.

Dieses Buch ist von der Praxis für die Praxis gemacht. In diesem Sinne zeigen konkrete Vorschläge von Marketingleitern, wie man das eigene New Business verbessern kann. Natürlich finden auch die Dinge, die bereits gut laufen, hier ihren Niederschlag. Angereichert ist das Buch außerdem mit vielen Tipps und Ratschlägen sowie mit Checklisten, die dabei helfen, einen schnellen Überblick zu erhalten und sich kurzfristig verbessern zu können. In Einschüben kommen immer wieder ausgewiesene Experten zu Wort.

2. Neukundengeschäft für Agenturen: Lifeblood of an Agency

„Der Margendruck wird enger, der Kampf um New Business härter und leider gibt es auch vermehrt Dumping-Angebote im Markt." Dieses Zitat steht stellvertretend für die Stimmung vieler Agenturen. Nicht nur der Druck auf die Margen ist gestiegen, auch in der Frage, wie man darauf reagieren soll, herrscht Ratlosigkeit. Jede Agentur würde ihrem Kunden empfehlen, das ganze Thema erst einmal strategisch und konzeptionell anzugehen. Hat man die Ergebnisse vorliegen, folgt daraus die operative Umsetzung. Gerade weil viele Agenturen im strategischen Neukundengeschäft noch nicht optimal aufgestellt sind, fangen wir genau mit diesen Vorüberlegungen an.

2.1. Strategische Neukundengewinnung: Neue Wege, neue Ziele

Wie jeder Marketingansatz, so beginnt auch die Neukundengewinnung für Agenturen mit einer langfristigen Perspektive: eben mit der strategischen. In diesem Kapitel gehe ich neben einer grundsätzlichen Darstellung auch auf die Positionierung von Spezialisten, der „Agentur für integrierte Kommunikation" und der „Kreativagentur", ein. Im zweiten Teil dieses Kapitels werden die sich daraus ergebenden Akquise- bzw. Vertriebsstrategien beschrieben. Agenturen bewegen sich hier immer in einem Balanceakt: Auf der einen Seite stellen sie sich gegenüber ihren Auftraggebern strategisch dar. Auf der anderen Seite ist ihre eigene Neukundengewinnung zumeist operativ aufgehängt, da man dafür reservierte Kapazitäten kurzfristig für Projekte bestehender Kunden freimachen muss. Dieser Punkt stellt eine wichtige Herausforderung gerade für kleinere Agenturen dar. Auch hierfür werden Lösungen besprochen.

2.1.1. Positionierung: Wissen, wer man ist

Die Positionierung einer Agentur umfasst zum einen ihre Leistungen im Hinblick auf die Zielkunden. Agenturen können aus einer Vielzahl von Kommunikationsinstrumenten auswählen und somit eine Kernkompetenz herausbilden, die sie von anderen Agenturen unterscheidet. Die zweite Dimension der Positionierung besteht in der Auswahl der Branchen, auf die sich die Agentur bei der Neukunden-Akquisition fokussiert.

Auch hier konzentriert man sich bei aller Vielzahl der Optionen auf die mit der höchsten Affinität. Die integrierte Kommunikation als stärkster Ausdruck einer „Wir-können-alle-Instrumente"-Positionierung findet man in den letzten Jahren seltener. Ogilvy & Mather war eine solche „360-Grad-Agentur". Heute wird dieser Begriff zur Positionierung nicht mehr benutzt. Die zweite Ausgabe des Magazins von Ogilvy „How to" ist mit „360°-Kommunikation ist tot. Wie Marken heute auftreten müssen." betitelt. Unabhängig von dieser Agentur ist Grund dafür, dass die Anzahl der Touchpoints massiv gestiegen ist und diese werden weiter zunehmen. Unternehmen können gar nicht mehr alle Berührungspunkte, die sie mit Kunden haben, sinnvoll abdecken. Kommunikation sollte vielmehr die richtigen Touchpoints bedienen. Mehr und mehr Agenturen erkennen auch, dass sie nicht mehr das notwendige Know-how für integrierte Kampagnen haben. Außerdem ist es sehr aufwendig, ein solches Angebot über einen längeren Zeitraum hinweg aktuell und leistungsstark zu halten.

2.1.1.1. Integrierte Agentur: Alleskönner stoßen an Grenzen

Marketingverantwortliche trauen gerade kleinen Agenturen nicht zu, dass sie das gesamte Spektrum der Kommunikation abdecken können. Im Bereich der Digital-Kommunikation haben selbst die großen Agenturen erhebliche Probleme, stets auf dem aktuellen Stand zu bleiben. Jede Agentur, die Onliner sind hierfür ein Beispiel, hat ihre spezielle Historie mit ihrer bevorzugten Disziplin. Für Florian Hamsch, Marketingleiter bei der Kölner Versicherung EUROPA, ist dies ein Grund, den 360-Grad-Ansatz kritisch zu sehen: „Jede Agentur hat per se ihre Lieblingsdisziplin. Das kann ich leicht herausfinden, wenn ich um die Entwicklung einer medienneutralen Idee bitte. Jede Agentur zeigt ihren Ansatz mit ihrem favorisierten

Florian Hamsch
Marketingleiter
EUROPA Versicherungen,
Köln

DEVK

Christiane Niehaus
Spezialistin
Kreation/Media
DEVK-Versicherungen,
Köln

Instrument. Von der einen bekomme ich eine Anzeige, von der anderen einen TV-Spot und von der dritten Agentur einen Dialogansatz. Für mich folgt daraus: Weil jede Agentur ihre Stärken hat, suche ich mir den jeweils besten Spezialisten; auf diese Weise stelle ich mir mein ‚Dream-Team' zusammen. Das hat zwar koordinatorische Mehrarbeit zur Folge; die können wir aber gut abfangen, da alle in unserem Team einen Agenturhintergrund haben." Die 360-Grad-Positionierung hat aus seiner Sicht noch einen weiteren Nachteil für Agenturen: Man differenziert sich nicht ausreichend. „Es rufen zu viele Agenturen an, die behaupten, alles zu können", berichtet Hamsch. „Wenn aber ein Dienstleister, der auf eine oder einige wenige Disziplinen spezialisiert ist, auf mich zukommt, bleibt er mir viel besser in Erinnerung. Mit einer solchen Agentur komme ich schneller ins Geschäft, weil ich nur ein Instrument verändern muss. So minimiere ich das Risiko, zu scheitern. Wenn ich eine Agentur an Bord hole, die alle Aufgaben übernimmt, ist die Gefahr, dass etwas nicht funktioniert, viel höher."

Standpunkt:
Leadagentur vs. Pool aus Spezialisten

Florian Hamsch hat eben berichtet, warum er sich ein Set-up aus unterschiedlich spezialisierten Agenturen zusammenstellt und diese koordiniert. Christiane Niehaus, bei den DEVK-Versicherungen in Köln für die Kommunikation zuständig, setzt dagegen auf den Ansatz der Leadagentur. Sie kann auf diese Weise die inhaltlichen Aspekte durch die Agentur bündeln lassen und sorgt so dafür, dass die unterschiedlichen Disziplinen, wenn diese von anderen Spezialisten bearbeitet werden, einheitlich nach außen auftreten. Viel Arbeit nimmt ihr dabei die Agentur ab. „Gerade für ein Unternehmen wie eine Versicherung, das viele Touchpoints über den Vertrieb bedient, müssen

die Inhalte einheitlich ausfallen. Formal kann man dies zwar über ein Manual ausgleichen, dies gilt aber nicht für Inhalte. Nur wenn diese überall gleich kommuniziert werden, erhält die Marke Konsistenz", so Christiane Niehaus.

Ganz anders sieht dies Martin Sir, Head of Marketing Communication and Trade Marketing von Hyundai Deutschland in Offenbach: „Leadagenturen – und dabei handelt es sich so gut wie immer um Full-Service-Dienstleister – haben aus meiner Sicht unterschiedliche Nachteile: Zum einen können selbst die großen Agenturen gar nicht mehr alles alleine lösen und müssen viele Dinge zukaufen. Die entsprechenden Dienstleister haben dann meist enge Verträge, in denen sie sich bewegen müssen. Daraus folgt unweigerlich eine geringere Transparenz dem Kunden gegenüber. Außerdem habe ich die Erfahrung gemacht, dass viele Leadagenturen auch Zusatzleistungen verkaufen, die eigentlich gar nicht notwendig sind. Da bleibt es nicht bei einer Anzeige, sondern man bekommt mehr Kommunikation, aber auch mehr Untersuchungen angeboten. Die Argumentation ist im Detail komplizierter, da ich ja in der Tat neue Impulse von einer Agentur erwarte. Aber bei den Leadagenturen habe ich den Eindruck, dass dort stark agenturfokussiert und weniger aus der Perspektive des Kunden gedacht wird. Die Alternative dazu kann nur sein, dass man die eigenen Ressourcen aufstockt und viel mehr Dinge koordiniert und selber macht. Ich halte dies für den besseren Weg."

Immer mehr Agenturen tragen der Kritik am integrierten Ansatz Rechnung und stellen ihn nicht mehr in den Mittelpunkt. Neben dem eben genannten Network-Beispiel fokussieren seit einigen Jahren kleine und mittelständische Agenturen auf ausgewählte Instrumente. Hat sich die Agentur festgelegt, so fällt es ihr jedoch oft schwer, diese Stringenz beizubehalten. Am Anfang einer solchen Entwicklung steht, dass man mit mehr Instrumenten mehr Potenziale realisieren kann. Entweder wird die Agentur bei bestehenden oder neuen Kunden für andere Kommunikationsleistungen empfohlen oder sie akquiriert selbst weitere

Martin Sir
Head of Marketing
Communication and
Trade Marketing
Hyundai Deutschland,
Offenbach

Projekte außerhalb der Kernkompetenz. Wenn sie mit diesen weiteren Leistungen erfolgreich ist, werden die Jobs als Referenz genutzt. Wiederholt sich dieser Prozess, ist ein Bauchladen die Folge, wie man ihn von vielen Agenturen kennt. Was tun? Jobs ablehnen? Natürlich nur, wenn sie diese sicher nicht realisieren kann. Aber darf sich eine Agentur nach einigen subjektiv erfolgreichen Jobs schon Spezialist nennen? Besser umwirbt sie mit ihrer Kernkompetenz und ihrer speziellen Branchenerfahrung weitere neue Kunden. Alle weiteren Randleistungen sind Kompetenzen, mit denen sie nicht aktiv akquirieren sollte.

Wie aber gehen Spezialisten mit potenziellen Neukunden um, die einen integrierten Ansatz bzw. eine solche umfassende Betreuung wünschen? Da man nicht plötzlich seine Positionierung ändert, gibt es bei diesen potenziellen Unternehmen nur die Möglichkeit, mit seinen speziellen Fähigkeiten auf Kundenfang zu gehen. Ist man damit erfolgreich, lassen sich weitere Bereiche betreuen. Die gute Nachricht ist allerdings, dass immer weniger Unternehmen eine „Alleskönner-Agentur" wollen. Die folgenden Stimmen bestätigen diesen Eindruck. Sie sind beispielhaft für die hier zugrunde gelegten Gespräche und geben die deutliche Mehrheit der Meinungen wieder: Sandra Sydow, Marketingmanagerin bei Swatch in Eschborn, hat ein großes Problem damit, wenn Agenturen nicht ihre Kernkompetenz darstellen, sondern meinen, alles zu können: „Viele Agenturen behaupten immer noch, sie könnten alles. Hakt man nach, was sie richtig gut können, haben viele mit dieser Frage ein Problem. Ich will aber mit keinem Dienstleister zusammenarbeiten, der alles nur ein wenig kann. Ich finde es gut, wenn eine Agentur ihre Expertise darstellen kann und diese auch belegt. Dann kann man darüber viel besser sprechen." Daraus folgt: Hat eine Agentur einen Schwerpunkt, für den es aktuell keinen Bedarf gibt, kommt das Unternehmen mit dieser nicht ins Geschäft. „Einen Tod muss man sterben", ist daher die konsequente Antwort von Sandra Sydow.

Der Blick über den Tellerrand

In dieser Rubrik kommen Spezialisten zu Wort, die von einer anderen Per-
spektive auf das New Business blicken. Den Auftakt macht ein Pitchberater
aus den USA.

Tim Williams, Ignition Consulting Group

Why there's no such thing as full service

In fact, of the top 25 advertising agencies in America, more than half are
specialist firms, not "full-service" agencies. How did this happen? It hap-
pened because marketers are in search of specific solutions to specific pro-
blems in specific categories, not a "full-service agency with a wide range of
experience in diverse categories." No client ever hires an agency because it
can do everything, but rather because it can do something. In fact, whene-
ver "wide range" or "full service" appears as the main promise a firm ma-
kes, you can assume that it has been either unable or unwilling to actually
name what it stands for.

What exactly does it mean to be full service? When you stop and think about
it, there's really no such thing as full service. There isn't a brand in any
category that actually can fulfill every need. Most agencies follow the "full
service" model because they have fallen in the trap of defining their value
proposition solely in terms of product or service attributes. Believing that
the more attributes the agency brand can claim, the more valuable it will be
to prospective clients, they continue to add more and more services until
they appear to be "all-in-one" solutions.

Roland Haase
Leiter Marketing
Kommunikation
CLAAS, Harsewinkel

Roland Haase, beim Landmaschinenhersteller CLAAS in Harsewinkel für die Marketing-Kommunikation verantwortlich, begrenzt die Anzahl seiner Gespräche mit Agenturen aus Zeitgründen. Die Chance auf einen Termin wird geringer, wenn sich eine Agentur – und vor allem eine kleine – als Alleskönner positioniert. Das hält Haase nicht für glaubwürdig: „Schwierig finde ich es, wenn eine Agentur mit dem gleich mit dem Schlagwort integrierte Kommunikation aufschlägt und meint dann alles gleich gut abdecken zu können. Deswegen kommen solche Anbieter kaum mit mir ins Gespräch. Spannender wird es, wenn sich eine Agentur spezialisiert hat. Mit einem solchen Ansatz kann ich viel mehr anfangen und so verbessern sich Chancen, miteinander zu sprechen; leider gehen die allermeisten nicht diesen Weg. Aber auch dann, wenn man sich spezialisiert hat, ist dies kein Freifahrtschein für eine Einladung. Sind wir hier gerade gut versorgt, ist eine Einladung nicht sinnvoll."

Stephen Schuster, der bei der WMF für das Markenmanagement verantwortlich ist, erklärt: „Ich gebe Agenturen den Rat, sich auch eine strategische Beratungsqualität aufzubauen, um mit dem Kunden auf Augenhöhe zu kommunizieren. Es ist wichtig, dass sie sich auf bestimmte Kernbereiche konzentrieren. Spielt man auf zu vielen Instrumenten, so besteht die Gefahr, seine Kompetenz zu verwässern."

2.1.1.2. Spezialisierte Agentur: Zukunftssicher aufgestellt

Hat sich die Agentur für den Weg als Spezialist entschieden, so konzentriert sie sich auf zwei bis drei Disziplinen. Diese sollten dann natürlich nicht von so großer Breite sein, dass damit wiederum das gesamte Spektrum der Kommunikation abgedeckt wird. Sinnvoll ist zum Beispiel die Kombination aus Corporate Publishing und Social Media. Auch Messekommunikation und Events passen gut zusammen. Manchmal ist schon eine einzelne Disziplin so umfangreich, dass man sich auf diese beschränken kann. Als Beispiel seien hier der gesamten Bereich der POS-Kommunikation oder auch Teile des digitalen Kommuni-

kationssektors wie das Mobile Marketing genannt. Bei der Auswahl muss immer darauf geachtet werden, dass man dem potenziellen Neukunden beim Abverkauf hilft. Reine Markenthemen haben meist zu wenig Substanz. Wie viele Leistungen man anbietet, hängt auch von der Agenturgröße ab. Je größer diese, desto glaubhafter können mehr Leistungen offeriert werden. Ähnlich verhält es sich mit den Branchen. Hier konzentriert man sich idealerweise auf zwei bis drei. Auch hier gilt, dass einige Branchen schon so diversifiziert und ausreichend groß sind, dass es genügt, eine zu vertreten. Genannt sei hier als Beispiel nur die Pharmabranche.

Stephen Schuster
Marketingleiter
WMF, Geislingen

Thomas Meichle, Geschäftsführer der Stuttgarter Beratung CoEffizienz, beobachtet ebenfalls, dass spezialisierte Agenturen besser funktionieren als die sogenannten „Klassiker". Er erläutert: „Die sinnvoll spezialisierten Agenturen konzentrieren sich auf Bereiche wie Corporate Publishing, Vertriebs-Kommunikation oder Events und Messekonzepte. Sie verkaufen Public Relations, Online-Shop-Systeme oder Online-Dialog-Lösungen, aber meist keine klassische Kommunikation. Warum ist das so? Für die Auftraggeber sind Kriterien wie Seriosität und Nachprüfbarkeit wichtig. Seriös sind Kundenmagazine und PR-Artikel. Nachprüfbar sind Lead-Generierung und Klicks. Werbe-Ideen dagegen sind interpretierbar und vom individuellen Geschmack abhängig. Seit der Konsument ‚aufgeklärt' ist und sich durch Werbung nicht mehr verführen lässt, will das Unternehmen so sein: in stärkerem Maße seriös und nachprüfbar."

Alle bisher genannten Interviewpartner haben sich für spezialisierte Agenturen ausgesprochen. Diese Tatsache spiegelt die generelle Aussage aus allen für dieses Buch geführten Interviews wieder: Die deutlich überwiegende Mehrheit der Interviewpartner argumentieren für die Spezialisierung. Auch ein Vertreter eines kleineren

litschko | meichle
CoEffizienz

Thomas Meichle
Geschäftsführer
CoEffizienz, Stuttgart

Unternehmens, denen man gemeinhin ja gern eine Affinität zu einer Alles-aus-einer-Hand-Lösung unterstellt, findet klare Worte in dieser Richtung. Bernd Dippold, bei dem Mess- und Sensortechnik-Unternehmen ALTHEN in Kelkheim für Kommunikation und Marketing verantwortlich, sagt: „Von einem Dienstleister, der in seinen Leistungen nicht konkret wird, sondern behauptet, alles zu können, habe ich nichts. Ich habe Aufgaben zu lösen und will wissen, ob mir eine Agentur dabei helfen kann. Dies muss sie mir sagen können."

Bernd Dippold
Leiter Marketing
ALTHEN, Kelkheim

Boris Dolkhani, der in Augsburg bei KUKA Roboter als Head of Corporate Marketing arbeitet, ist derselben Meinung: „Ich finde, dass noch zu viele Agenturen einen zu geringen Fokus darauf legen, was sie am besten können. Eine mittelständische Agentur, sagen wir mit 30 Mitarbeitern, kann mir nicht glaubhaft sagen, dass sie einen Full-Service-Ansatz bieten kann. Das kann sie gar nicht leisten. Das ist auch gar nicht notwendig, wenn sie weiß, was sie gut kann. Genau hier hakt es: Wenn ich Agenturen nach ihrer Paradedisziplin frage, kommt zu häufig eine lange Nachdenkpause. Noch schlimmer wird es, wenn mir dann eine Leistung genannt wird, die in der Präsentation nicht zu sehen war."

Es ist augenscheinlich, dass der Weg, Ballast abzuwerfen, für eine Agentur der richtige ist.

Boris Dolkhani
Head of Corporate
Marketing
KUKA Roboter, Augsburg

Create positioning

Positioning is the foundation of new business. It is also the area where agencies struggle the most. Solve your problem with positioning and new business becomes easier and much more effective.

Michael Gass
MICHAEL GASS
CONSULTING
Fueling Ad Agency New
Business, Alabaster, USA

Agency positioning is not:

- *"We have great creative" - Great creative is not a point of differentiation, it is an expectation.*
- *"We're strategic. Our creative concepts are based upon research that leads to a solid marketing strategy." That's what 99.9% of all agencies are saying.*
- *"We have a proprietary process." Most agencies make the same claim. But to a prospect, it's just the same proprietary process under a different name.*
- *"We have great chemistry. We're fun to work with." That isn't a point of differentiation that will create new business beyond your local market.*

By having a clearly defined target audience you can develop a positioning of expertise that will be appealing to your niche market. You will find it much easier to position and differentiate your agency that has greater appeal to your niche market. You will also lessen your agency's competitors and you won't be reliant upon location or pricing as differentiators. You can focus on knowing your niche, the industry, the challenges and opportunities which allows your agency to be innovative.

2.1.1.3. Spezialist für den B-to-B-Bereich: Achtung Falltür

Viele meiner Gesprächspartner haben mich darauf aufmerksam gemacht, dass eine ausschließliche Positionierung auf das B-to-B-Geschäft kritisch hinterfragt werden
muss. Auch wenn diese Meinungen nicht repräsentativ
sind, seien hier zwei stellvertretend genannt: Angelika
Wesselkamp, bei DORMA in Ennepetal für die globalen
Marken- und Produktkampagnen verantwortlich, sieht
eine Spezialisierung, die den B-to-B-Bereich als aus-

Frank Sahler
Leiter Marketing &
Vertrieb
1. FC Köln

schließlich fachthemenorientiert begrenzt, kritisch. Für sie ist die Erfahrung mit
dem B-to-C-Segment sinnvoll: „In der Beratung ist es sicherlich gut, wenn der Ansprechpartner Erfahrungen im B-to-B-Geschäft hat. Gerade das Verständnis des
mehrstufigen Vertriebes erweist sich als hilfreich. Erfahrungen aus dem B-2-C-
Bereich helfen dabei, die Anforderungen des Kunden aus seiner Sicht zu betrachten. Schließlich ist ein Käufer oder Anwender von DORMA-Produkte, zunächst
Mensch. Der über seine Grundbedürfnisse erreicht werden kann. Diese sind nicht
zwangsläufig fachspezifisch. Genau deswegen sind in zukunftsgerichteter B-to-
B-Kommunikation Elemente die Grundlagen der Human-to-Human (H-to-H) Kommunikation enthalten, die im Consumer-Bereich seit langem Anwendung finden."

2.1.1.4. Kreativagentur: Was „Kreativität" bedeutet

Ein weiteres Thema, das hoch im Kurs steht, ist der Umgang mit dem Begriff
„Kreativagentur". In meinem letzten Buch „Die Werbepropheten und ihre dröh-

Angelika Wesselkamp
Campaign Management,
Brand & Products
DORMA Deutschland,
Ennepetal

nenden Lautsprecher" habe ich die
nicht widerspruchsfreie These aufgestellt, dass sich nur eine Kommunikationsagentur „Kreativagentur"
nennen darf, die ihren Standort in
Berlin oder Hamburg hat. Natürlich
war diese Behauptung überspitzt, es

ging schlicht um die inflationäre Nennung des Begriffes „Kreativagentur". Aber
was versteht man überhaupt darunter? Für Frank Sahler, der beim 1. FC Köln für
das Marketing verantwortlich ist, ist kreative Werbung notwendig, um inmitten
der immensen Anzahl von Botschaften aufzufallen und die eigene Marke davon
abzusetzen: „Man setzt sich nur durch, wenn man auffällt. Aber Auffallen ist
nicht alles. Es muss zur Marke passen und sich am besten noch aus einem Kun-
deninsight speisen. Kreativität muss strategisch hergeleitet werden. Sie darf
sich nicht aus der Laune der Kreativen ableiten. Es ist dieser Ansatz, der für
mich eine Kreativagentur ausmacht."

Der Blick über den Tellerrand

Michael Gass Consulting, Fueling Ad Agency New Business
Why are ad agencies so bad at new business?

*I've spent almost my entire advertising career in business development. I can
tell you from my experience that agencies are historically bad when it comes
to marketing themselves. It's as if they lose their marketing minds. They tend
to forget the very basics of marketing and become their own worst client. For
example, I often ask this question when speaking at industry events: "Does
your agency have a marketing plan?" Incredibly the vast majority do not. How
can agencies think they will have new business success without a plan? That
is marketing 101 isn't it? This isn't to say that agency owners think new business not important. They understand it is the lifeblood of their business. But
they have a tendency to focus on the newest tactical idea instead of taking the
time to develop a new business strategy.*

Claudia Endres
Leitung Marketing
und Vertrieb
Ringfoto, Fürth

Wie wichtig das Thema Kreativität ist, zeigt ein Gespräch mit Dr. Jörg Barth, der bei Boehringer Ingelheim die onkologischen Produkte auf Marketingseite weltweit betreut. Die Pharmakommunikation gilt nicht als das große Spielfeld der Kreativen, was Barth bedauert: „Ich halte es für einen Fehler der Pharmaindustrie, dass das Thema Kreativität eine geringere Bedeutung hat. Unser Markt ist zwar streng reguliert, aber es hat dennoch eine Veränderung stattgefunden. Vor einigen Jahren gab es noch wenige Medikamente, die alle ihren Platz hatten. Marketing war damals eine Randerscheinung, die Daten waren wichtiger. Heute sind neue Therapiemöglichkeiten die Ausnahme. Neue Medikamente haben zwar in der Regel immer noch Vorteile gegenüber den bereits etablierten, aber es ist aufwändiger, sie bei der Informationsüberflutung der Ärzte richtig abzugrenzen. Die Zeit ohne Wettbewerb nimmt immer weiter ab. Deswegen wird die Differenzierung durch Kreativität wichtiger, solange dies immer noch faktenbasiert stattfindet. Sich in einem engen Rahmen zu differenzieren, gelingt mit Kreativität."

Die Wichtigkeit von Kreativität bekräftigt auch Claudia Endres, Marketingleiterin bei Ringfoto in Fürth: „Neben der Zuverlässigkeit einer Agentur ist mir ihre Kreativität wichtig. Wir brauchen Kreativität, um für uns selber neue Impulse zu gewinnen, aber auch, um damit unsere Händler zu unterstützen. Wir als Verbundorganisation müssen diesen immer wieder neu zeigen, dass sie bei uns richtig sind. Dazu brauchen wir neue Ideen und müssen Standards aufbrechen. Die Agentur soll mir neben dem Brot- und Butter- Geschäft genau diese Ideen liefern. Sie müssen kompetent und nachhaltig sein, aber natürlich auch dafür sorgen, dass sich die Produkte besser verkaufen. Da man nie genau weiß, was gut arbeitet, muss man hier neue Dinge ausprobieren. Mut von beiden Seiten gehört dazu."

Woran machen Marketingverantwortliche wirkungsvolle Kreativität fest? Für Thomas Spreitzer, bei T-Systems als Chief Marketing Officer (CMO) aktiv, ist Kreativität immer dann gut, wenn sie auf einen Kundennutzen einzahlt oder dem

Kunden bei der Problemlösung hilft. „Kreativität muss zielgerichtet sein und ein strategisches Customer Insight als Grundlage haben. Agenturen stehen vor der Herausforderung, die Kreativität dann noch beizubehalten, wenn ihre ersten Ideen nicht positiv aufgenommen werden; manchmal geschieht dies, wenn nicht gekannte Insights auftauchen, sprich wenn die Zielgruppe nicht ausreichend gut verstanden wurde. Aus meiner Sicht beginnt immer dann die Arbeit, weil der Rahmen, in dem man sich bewegt, enger geworden ist. Man muss sich tiefer in die Materie einarbeiten. Kreativität erfordert aber auch Mut vom Auftraggeber. Der muss sich aber daran orientieren, was bei unseren Kunden Wirkung erzielt und nicht daran, was Agenturen toll finden."

Jörg Michael Diegmann
Trademarketingleiter
Warsteiner Brauerei,
Warstein

Aus Agentursicht ist es einfach, sich Kreativagentur zu nennen: Das passende Namensschild reicht aus. Aber diese Bezeichnung trifft damit noch lange nicht auf die Ausrichtung der Agentur zu. Das Entscheidende für Jörg Diegmann, bei der Warsteiner Brauerei für unterschiedliche Marken verantwortlich, ist, dass Kreativität nicht ziellos eingesetzt wird. Für ihn, wie auch schon für einige seiner Vorredner muss die Kreativität eine strategische Ableitung haben. „Nur wenn so gearbeitet wird und man dies kommuniziert, handelt es sich aus meiner Sicht um eine Kreativagentur. Die Insights, auf denen die Kreativität beruht, müssen gezeigt werden, wenn eine Agentur diesem Namen gerecht werden will."

Thomas Spreitzer
Leiter Marketing
T-Systems International,
Leinfelden-Echterdingen

2.1.1.5. Network- oder unabhängige Agentur: The winner is…

Berthold Figgen
ehemaliger Director
Corporate Marketing
Procter & Gamble
Germany, Schwalbach

Zugegeben: Ob man Teil eines Networks ist oder inhabergeführt arbeitet, kann man sich selten aussuchen. Und in der Kommunikationsbranche finden wir wie überall Moden, die kommen und gehen. Als Stichwort kann man das Neuromarketing nennen, das bis vor Kurzem noch ganz oben auf der Agenda und in aller Munde war. Heute redet kaum noch ein Marketing-Experte darüber. Eine ähnliche Entwicklung kann man bei den zwei großen Agenturmodellen beobachten, den Networks und den inhabergeführten Dienstleistern. Momentan haben die unabhängigen Agenturen bessere Chancen. Inhabergeführte Agenturen wie Kolle Rebbe oder Heimat beispielsweise sind massiv gewachsen. Auf der anderen Seite sieht man Standortschließungen bei Networks wie bei McCann Erickson und anderen.

Diese Entwicklung ändert jedoch nichts an der Berechtigung von Networkagenturen, sagt Berthold Figgen, bis Mitte des Jahres 2013 Marketingleiter bei Procter & Gamble in Schwalbach: „Nur in Bereichen, die lokal funktionieren, haben inhabergeführte Agenturen mit einer ausgeprägten Expertise eine Chance, mit Procter & Gamble ins Geschäft zu kommen. Dieses lokale Geschäft betrifft zum Beispiel Themen wie Public Relations oder Instore-Marketing. In den meisten anderen Bereichen sind die Vorteile von Networks aus meiner Sicht greifbarer. Bei einer Zusammenarbeit mit Networkagenturen über viele Länder hinweg können sie Synergien realisieren. Dabei reden wir über große Kosteneinsparungs-Potenziale. Aber die Vorteile gehen weit darüber hinaus. Wenn ich mit vielen Agenturen zusammenarbeite, müssen alle diese Dienstleister über den gesamten Prozess koordiniert werden. Mit einem Network ist dieser Aufwand geringer. Daneben muss das Unternehmen auch Wissen in die Agentur transportieren. Dies gilt gerade für Procter & Gamble, wo man viel über seine Kunden weiß und dieses Know-how mit den Agenturen teilt. Hier spart man mit Networks Mehrarbeit." Aus diesen Gründen ist es für eine inhabergeführte Agentur bei globalen Unternehmen viel schwieriger, ins Geschäft zu kommen.

Lars Wöbcke
Communication and
Corporate Marketing
Director
Nestlé Deutschland,
Frankfurt

Dr. Jörg Barth, für das Marketing bei Boehringer Ingelheim verantwortlich, arbeitet ebenfalls mit einer
Networkagentur zusammen: „In unserem Markt sind
die Therapiestandards weltweit ähnlich. Ein Krebspa-
tient erhält in Japan eine vergleichbare Therapie wie in
Europa oder in den USA. Eine weltweit tätige Agentur
kann uns daher gut helfen, ein Produkt einheitlich zu
positionieren, wenn wir nur kulturell bedingte Adaptionen vornehmen müssen. Neben der Agentur sind
auch unsere Länderkollegen in den Kernmärkten involviert. Uns war bei der Auswahl wichtig, dass die
Agentur Onkologie-Erfahrung hat. In anderen Berei-
chen, in denen wir weniger strategisch und kreativ arbeiten, entkoppeln wir
uns vom Network und nutzen lokale Agenturen. Dies kann zum Beispiel bei
lokalen Adaptionen oder dem Produktionsbereich der Fall sein."

Lars Wöbcke, Communication and Corporate Marketing Director bei Nestlé in
Frankfurt, fasst die Vor- und Nachteile von Networks und inhabergeführten
Agenturen aus seiner Sicht zusammen: „Networks sind vertrauter mit Prozes-
sen, die gerade bei Nestlé, aber auch bei allen anderen Konzernen wichtig sind.
Networks sind hier sattelfester, da sie primär für internationale Kunden arbei-
ten. Bei inhabergeführten Agenturen sehe ich eher den Vorteil der Kreativität.
Beides in einer Welt zu haben, ist schwierig."

Für Christiane Niehaus hingegen ist eine inhabergeführte Agentur für mittelständische Unternehmen klar im Vorteil: „Bei vielen Networks wären wir als mittelgroße Versicherung nur ein Kunde unter vielen mit entsprechend geringerer
Bedeutung. Schwerwiegender noch finde ich aber den schnellen personellen
Wechsel bei den Networks. Verändern sich die Verantwortungen, muss ich die
Inhalte neu erklären. Bei einer inhabergeführten Agentur passiert mir das seltener, da man gerade auf der senioren Ebene mehr Konstanz vorfindet."

35

Jürgen Herrmann
Marketingleiter
Ritter Sport,
Waldenbuch

Diesen Standpunkt teilt Jürgen Herrmann, der bei Ritter Sport in Waldenbuch als Geschäftsführer Marketing arbeitet: „Ich finde bei der Auswahl wichtig, dass die Agentur eine Beständigkeit hat. Gerade die Mitarbeiter in den führenden Positionen sollten langfristig bei dieser Agentur tätig sein. Das ist für mich ein wichtiger Grund, mit inhabergeführten Agenturen zusammenzuarbeiten. Hier kann ich sicher sein, dass meine Ansprechpartner die nächsten Jahre an Bord sein werden. Anders ist das bei den Networks: Hier gibt es viele Wechsel, die die ganze Agentur durcheinanderwirbeln. Darüber hinaus muss man als Networkkunde eine gewisse Größe haben, um nicht unterzugehen und fortan vom Junior betreut zu werden. Dies gilt übrigens auch für das internationale Geschäft. Wenn ich für die Network-Agentur in bestimmten Ländern zu klein oder nicht interessant bin, kann ich nicht mit den richtigen Leuten arbeiten und bekomme ein Junior-Team (das sich sehr freut, um mal richtig kreativ zu sein, aber nicht unbedingt immer die Briefings wahrnimmt). Auch im internationalen Geschäft kann die Zusammenarbeit mit lokalen Agenturen also sinnvoll sein. Hier kann man viel aus dem Headquarter steuern."

Peter Kuhn, Marketingleiter bei der Sparda-Bank in Frankfurt, sieht dies ähnlich: „Wir wollten mit einer inhabergeführten Agentur arbeiten, weil wir mit den Chefs zu tun haben möchten. Die Agentur sollte nicht mehr als 50 Mitarbeiter haben, weil wir für einen größeren Dienstleister zu klein sind. Sie sollte bisher nicht für eine Sparda-Bank gearbeitet haben, weil wir nur so eine neutrale Auswahl erreichen. Auf der einen Seite ist es zwar gut, wenn man sich kennt. Auf der anderen Seite aber ist man dann voreingenommen und möchte ‚seine Agentur' pushen. Das vermeiden wir, wenn wir nur unter Agenturen wählen, die bisher überhaupt nicht für uns tätig waren."

A N X Ω
MANAGEMENT CONSULTING

Ralf Strehlau
Geschäftsführer
Anxo-Consulting,
Düsseldorf

Auch Godo Röben, für das Marketing bei der Rügenwalder Mühle in Bad Zwischenahn verantwortlich, spricht sich eindeutig für inhabergeführte Agenturen aus: „Wir sind selber ein inhabergeführtes Unternehmen, daher stehe ich solchen Agenturen nahe. Unabhängig davon habe ich von Networks erfahren, dass mir Zusatzleistungen verkauft werden sollten, die ich eigentlich gar nicht brauche. Eindrucksvoll habe ich das erlebt, als ein ehemals inhabergeführter Dienstleister Teil eines Networks geworden ist. Plötzlich bot mir die Agentur Leistungen an, die sie vorher nie in Erwägung gezogen hat. Die Verantwortlichen haben mir im persönlichen Gespräch erklärt, dass sie einem enormen Druck ausgesetzt sind. Inhabergeführte Agenturen müssen zwar ebenfalls verkaufen, haben aber längst nicht diesen Druck."

Godo Röben
Marketingleiter
Rügenwalder Mühle,
Bad Zwischenahn

Ralf Strehlau, der Geschäftsführer des Beratungsunternehmens Anxo-Consulting und zusätzlich als Pitchberater tätig ist, fasst den Unterschied zwischen Network- und inhabergeführten Unternehmen folgendermaßen zusammen: „Networks sind börsennotiert und müssen typischer Weise deswegen anders agieren. Sie haben wegen ihrer Größe eine eigene Kostenstruktur und werden nur dann investieren, wenn dies die Rendite nicht negativ beeinflusst und zu Abstrafungen an der Börse führt. Dagegen haben inhabergeführte Agenturen viel mehr Beweglichkeit und Handlungsspielräume. Hier entscheidet schließlich der Inhaber selbst über die Höhe der Rendite."

2.1.1.6. Berater oder Dienstleister: Ein Spagat

IImmer wieder klagen Agenturen, dass Kunden sie nur nach dem Preis einkauften. Ihre beratende Funktion nähmen viele gar nicht ernst. Dabei sehen sich die Agenturen häufig in der Rolle eines Beraters und möchten auf Augenhöhe mit ihrem Kunden sprechen. Das Fremdbild entspricht dem nicht immer. Für Kunden sind die Agenturen nur allzu oft austauschbare Dienstleister oder

Lieferanten. Über den größeren Einfluss des Einkaufs ist diese Perspektive dominanter geworden. Jan-Piet Stempel von Roth Observertory International in Hamburg betont, dass Agenturen gerade heute gute Möglichkeiten haben, ihre Bedeutung zu stärken: „Noch nie waren die Chancen besser, sich als etablierte Agentur neu zu erfinden oder ein gänzlich neues Agenturangebot zu definieren, welches es bis gestern noch nicht gab. Schließlich wächst der Innovations- und Erfolgsdruck auf Kundenseite in unserer digitalen Welt ebenso rasant wie die Anzahl an Möglichkeiten, kluge Ideen mit innovativer Technik zu neuen Dialogformen zu verschmelzen. Wer sich in unserer vernetzten Welt lediglich auf die termingerechte Erstellung von Werbemitteln fokussiert, wird vom Wettbewerb abgehängt und ist austauschbar. Stattdessen ist ‚Relevanz' die Währung, die im digitalen Zeitalter die oberste Priorität im Kommunikationskontext erlangt hat. Die Zukunft auf Agenturseite gehört entsprechend den klugen Zuhörern und Denkern – eben jenen mit Zielgruppen- und Kommunikations-Know-how. Die moderne Werbeagentur ist kluger Berater und Dienstleister in einem und damit der ideale Geschäftspartner für das Marketing von morgen." Möchte man als Berater gesehen werden, muss man auch das Know-how und das Standing eines solchen haben und vor allem zeigen. Dass Alleskönner-Agenturen nicht in jedem Bereich über das dazu notwendige Wissen verfügen können, ist ein Grund dafür, dass sich viele dieser Agenturen als Dienstleister fühlen und auch so wahrgenommen werden.

2.1.2. Akquisestrategie: Auf den Inhalt kommt es an

Aus der Positionierung heraus und mit ihr entwickelt sich die Akquisestrategie. Darunter versteht man die langfristig angestrebte, planvolle Gestaltung des Vertriebs. Aufgrund der immer kurzfristiger werdenden Planungshorizonte und der Entwicklung zum Projektgeschäft wird die Umsetzung einer solchen Akquisestrategie jedoch zunehmend schwieriger. Strategische Überlegungen werden immer öfter durch kurzfristige Reaktionen abgelöst. So gut man das auch nachvollziehen kann: Es ist keine gute Lösung. Agenturen raten ihren Kunden schließlich zu langfristigem Denken und Handeln. Verfolgt man keine Linie, läuft das Geschäft auf Schlingerkurs. Im Folgenden sollen die Teilbereiche beschrieben werden, die in ihrer Gesamtheit eine New-Business-Strategie ausmachen. Diesen Fahrplan legt man über den Zeitraum von einem Jahr fest. Natürlich wäre eine stärkere Langfristigkeit zu begrüßen, nur lässt das Agenturgeschäft dies nicht zu. Beginnen wir mit dem Planen der Kapazitäten. Damit soll ein kontinuierlicher Prozess sichergestellt werden. Weiterhin wird besprochen, wer diesen Prozess personell ausfüllt. Danach schauen wir uns die potenzielle Neukundenseite an und klären, wer dort anzusprechen ist, und zwar bezogen auf die Branche, die Unternehmen und die Ansprechpartner.

39

2.1.2.1. Verantwortlichkeiten festlegen: Wer macht was?

Angelika Wesselkamp von DORMA findet es erstaunlich, dass sie von Agenturen Anrufe erhält, die da lauten: „Haben Sie eine Agentur? Wenn dem nicht so ist, würden wir uns gerne bei Ihnen vorstellen und für Sie arbeiten!" Natürlich hat ein Unternehmen wie DORMA eine Agentur. Außerdem überlegt sich eine Agentur in der Regel gut, ob sie überhaupt für einen Kunden arbeiten möchte, der bisher noch keine Agenturbeziehung hat. „Solche generischen Fragen machen keinen Sinn", so Wesselkamp, „und die Telefonate werden auch von mir genau deswegen schnell beendet. Dies gilt übrigens generell für Anrufe, die zu wenig nutzenorientiert sind. Besser ist es, wenn sich die Agentur im Vorfeld der Kontaktaufnahme mit dem Unternehmen beschäftigt hat. Wenn ich dann einen konkreteren Bedarf habe oder die im Gespräch angedeuteten Ergebnisse spannend finde, kommt es zu einem längeren Telefonat und bei gutem Verlauf zu einem Treffen."

Der Blick über den Tellerrand

Full time at new business person

Agency Mistakes in New Business: I'd suggest that now, as has always been the case, agencies do not recognize the importance of having someone within the agency working full time at new business. And I mean someone with both the responsibility and the attendant „authority" to do and spend as is necessary to address the required components. Second to that, agency websites are still a hodge-podge of „this & that!" Clients want to be able to find a brief bio on the agency; then a picture of the people who work there (as in

Charles G Meyst
Chairman & CEO
AgencyFinder.com,
Glen Allen, USA

chemistry); then a simple-to-see portrayal of agency category experience
(not a collection of logos that take forever to open on a clients' site); then
a Contact Us page that provides real information – not a fill-in-the-blank-
page as if to suggest – we'll contact you if we want! Clients want to know
where you are.

Die Kunden stören sich aber sehr wohl daran, wenn sie den Eindruck haben, von New-Business-Tätigen kontaktiert zu werden, die zu juniorhaft auftreten, also zu wenig Erfahrung haben. Weiterhin fällt es unangenehm auf, wenn sie spüren, dass der Anrufer gar keinen echten Dialog aufbauen, sondern lediglich in einer Art Monolog einen Termin für den Geschäftsführer vereinbaren möchte. Claudia Endres, Marketingleiterin bei Ringfoto in Fürth, sagt dazu: „Ich kann verstehen, dass Geschäftsführer nicht selbst anrufen. Aber ich wünsche mir Gesprächspartner, die wissen, wovon sie reden und die vertriebliche und beraterische Erfahrung haben. Auch jemanden, der kein gutes Deutsch spricht oder lispelt, setzt man nicht zwingend für die Akquise ein. Aber genau diese Mitarbeiter habe ich zuweilen am Apparat, wenn mich Agenturen kontaktieren. Viele Agenturen wollen außerdem gar nicht in einen Dialog mit mir treten. Sie arbeiten eine Liste ab, bei der es letztlich nur um einen Termin geht. Fragt man interessiert nach, bekommt man keine fachlich überzeugende Antwort, sondern wird auf den Termin vertröstet." Nach der Einschätzung von Roland Haase merkt man schnell, ob der Gesprächspartner eine seniore Person ist. „Dies geht aus der fachlichen Argumentation hervor. Ein weiteres Indiz für die Einschätzung ist, dass es Junioren meist schwerer fällt, mit dem potenziellen Neukunden in ein Gespräch zu finden. Wenn dieses erste Gespräch ein Dialog ist, sagt das schon viel über mein Gegenüber aus. Noch besser wird es, wenn der Gesprächspartner beim nächsten Telefonat an die Inhalte anknüpft, die vielleicht sogar noch persönlicher Natur sind."

Florian Hamsch von der Versicherung EUROPA ärgert es, wenn die Werbeagentur den Junior, ein Callcenter oder den Praktikanten anrufen lässt. Dies gilt besonders, wenn diese Personen nur vorfühlen sollen, ob ein Termin möglich ist. „Wenn ich bei einer Agentur, die mich anruft, kritisch nachfrage, bekomme ich meist keine fachlich sinnvolle Antwort. Ich werde vielmehr um einen Termin mit dem Geschäftsführer gebeten und dann darauf verwiesen. Das ist sinnlos und ich fühle mich schlecht betreut. Wenn man auf Standardfragen keine sinnvolle Antwort erhält, zeigt das, dass die Prioritäten des New Business falsch gesetzt sind. Wenn jemand mit mir redet, muss er mir ordentliche Antworten geben können." Florian Hamsch nennt dazu ein Beispiel aus dem Social-Media-Bereich. „Regelmäßig will man mir eine Facebook-Präsenz verkaufen. Wenn ich dann frage, ob der Anrufende ein Beispiel für einen erfolgreichen Versicherungsauftritt kennt, zum Beispiel einen, dem er/sie selber privat folgt, kann mir kaum jemand ein solches nennen. Das zeigt nur, dass die übliche Masche, uns auf Facebook launchen zu wollen, nicht funktioniert: Versicherungen folgt nämlich niemand. Eine Agentur hätte bessere Karten, mich als Kunden zu gewinnen, wenn sie diese Erkenntnisse von vornherein als Gesprächsbasis nutzen würde. Aber das traut sich niemand. Wenn ich die Leute noch frage, ob sie denn selber im Social-Media-Bereich aktiv seien, verneinen das die meisten und verweisen wieder auf den Geschäftsführer, der sich damit auskenne und sich mit mir darüber unterhalten wolle. Für mich ist die Tür dann aber zu."

Angelika Wesselkamp von Dorma findet es erstaunlich, dass sie von Agenturen Anrufe erhält, die da lauten: „Haben Sie eine Agentur? Wenn dem nicht so ist, würden wir uns gerne bei Ihnen vorstellen und für Sie arbeiten!" Natürlich hat ein Unternehmen wie Dorma eine Agentur. Außerdem überlegt sich eine Agentur in der Regel gut, ob sie überhaupt für einen Kunden arbeiten möchte, der bisher noch keine Agenturbeziehung hat. „Solche generischen Fragen machen keinen Sinn", so Wesselkamp, „und die Telefonate werden auch von mir genau deswegen schnell beendet. Dies gilt übrigens generell für Anrufe, die zu wenig nutzenorientiert sind. Besser ist es, wenn sich die Agentur im Vorfeld der Kontaktaufnahme mit dem Unternehmen beschäftigt hat. Wenn ich dann einen konkreteren Bedarf habe oder aber die im Gespräch angedeuteten Ergebnisse spannend finde, kommt es zu einem längeren Telefonat und bei gutem Verlauf zu einem Treffen."

Wer ist bei Ihnen für das Neukundengeschäft verantwortlich?

Diese Erhebung fand im Frühjahr 2013 statt. 181 Agenturverantwortliche haben online geantwortet. Mehrfachnennungen waren möglich.

Geschäftsführung	161
Geschäftsleitung	58
Creative Direction	13
externe Dienstleister	18
andere Mitarbeiter	59

Andreas Gruhl, Geschäftsführer bei der Pitchberatung Aller ! Best fällt auf, dass New-Business-Verantwortliche oder Geschäftsführer häufig nur schwer direkt erreicht werden können. Er erläutert: „Es macht aus unserer Sicht nur wenig Sinn, wenn von allen Mitarbeitern der Agentur-Mail-Adressen und direkte Telefonnummern im Internet hinterlegt sind, aber die vom Geschäftsführer findet man nicht; den erreicht man im besten Falle über eine info@-Adresse. Wenig hilfreich ist es weiterhin, wenn der Empfang bei einer telefonischen Anfrage nicht weiß, wer für das Thema Neugeschäft zuständig ist. Neugeschäftsanfragen sind immer vertraulich und damit immer Chefsache. Deshalb sollte ein direkter, persönlicher Zugang zu den Verantwortlichen sichergestellt sein."

ALLER! BEST
DIE AGENTUR EXPERTEN

Andreas Gruhl
Geschäftsführer
Aller ! Best, Hamburg

Der Blick über den Tellerrand

Michael Gass Consulting, Fueling Ad Agency New Business

Tactics must go hand-in-hand with an overall marketing strategy to be effective

And to be clear, to double the number of new clients next year is not a strategy, it is a goal. For you to state that you want to "take your agency to the next level" is not a strategy, it's an objective. A strategy is not your agency's mission statement. Your marketing strategy is simply the plan of execution.

Goals, objectives and mission statements are all fine but, you must have an executable plan for achieving them. This is the first step to make new business easier and more successful. Carve out a narrow market niche and dominate it.

Wie hoch ist der zeitliche Konflikt zwischen New Business und Tagesgeschäft?

Diese Erhebung fand im Frühjahr 2013 statt. 181 Agenturverantwortliche haben online geantwortet.

- sehr hoch: 37
- hoch: 92
- weder noch: 38
- niedrig: 10
- sehr niedrig: 4

2.1.2.2. Zielunternehmen bestimmen: Die Lohnenden angeln

Nachdem wir uns bisher die Agenturseite angeschaut haben, fällt jetzt unser Blick auf die potenzielle Kundenseite. Auf wen soll man sich als Zielkunden für sein New Business konzentrieren? Starten wir in einem groben Raster, das wir nach und nach verfeinern. Beginnen wir mit der Branche. Die besten Anknüpfungspunkte ergeben sich in einer Branche, in der das Agentur-Team in der Vergangenheit Erfahrungen gesammelt hat, in der man aber momentan keinen Kunden betreut. Solche Branchen gibt es bei einer Agentur, die nicht erst seit gestern besteht, erfahrungsgemäß immer. Auf eine solche fokussiert man sich zum Start. Für Unternehmen dieser Branche nutzt man am besten einen klar definierten Akquiseansatz. Verwendet man mehrere, so kommt es schnell zu Verwechselungen. Ein Unternehmen wird falsch angesprochen oder erhält die falschen Unterlagen. Natürlich lassen sich im Verlauf weitere Branchen festlegen, sodass sich ein kontinuierlicher Prozess ergibt.

Erfahrungsgemäß macht es wenig Sinn, die ganz kleinen Unternehmen einer Branche anzugehen. Der Akquiseaufwand ist hier ähnlich hoch wie bei den großen Unternehmen, aber die Budgets sind geringer. Die Anzahl der Zielkunden hängt von der Größe der Branche ab: In einer so großen Branche wie dem Maschinenbau lassen sich mehr Unternehmen auflisten als in einer kleineren. Der zweite wichtige Einflussfaktor betrifft die regionale Struktur. Je kleiner die Agentur ist, desto mehr konzentriert man sich auf die eigene Region. Viele Verantwortliche in den Unternehmen halten regionale Nähe für wichtig. Stellvertretend für diese Position sei Dominik Kaiser genannt, Leiter Kommunikation bei Harmonic Drive, einem Hersteller für hochpräzise Antriebstechnik in Limburg an der Lahn: „Wir haben die Entscheidung getroffen, nur mit Agenturen zusammenzuarbeiten, die eine überschaubare Größe haben. Große Agenturen machen für uns wenig Sinn. Wir sind dann mit unserem Budget einer unter vielen Kunden und bekommen nicht die optimale Betreuung. Bei einer kleineren Agentur haben wir diese notwendige Bedeutung. Weiterhin ist für uns die Erreichbarkeit ein wichtiges Auswahlkriterium. Man kann sich zwar mittlerweile gut via E-Mail und Telefon austauschen. Aber wenn man sich zu bestimmten Projekten Face to Face treffen muss, geht das besser, wenn die beteiligten Personen geografisch

nah beieinander ist. Da wir in Limburg an der Lahn an-
sässig sind, haben wir einen Suchradius, der im Norden
bis nach Köln und Düsseldorf reicht und im Süden süd-
lich von Frankfurt endet. In diesem Radius haben wir
viele Möglichkeiten, gute Agenturen zu finden."

Dominik Kaiser
Leiter Kommunikation
Harmonic Drive, Limburg

Was die konkrete Ausgestaltung der Akquiseliste angeht, so wird die finale Version stark von der konkreten
Positionierung der Agentur und ihrem Standort abhängig sein. Auch wenn die Agentur kleiner ist, aber ihren
Sitz in Berlin hat, wird sie gezwungenermaßen über-
regional aktiv werden müssen. In Berlin allein ist die Anzahl der potenziellen
Neukunden zu gering.

2.1.2.3. Ansprechpartner klären: Mit den Richtigen reden

Weiß man, welches Unternehmen man ansprechen möchte, muss als nächstes festgelegt werden, zu wem dort der Kontakt hergestellt werden soll. Für viele
Akquiseprojekte wird der Marketingleiter der richtige Ansprechpartner sein. Je
nach Größe des Unternehmens ist dieser Mitarbeiter allerdings nur schwer oder
gar nicht zu erreichen. Gegebenenfalls muss man dann eine Stufe tiefer ansetzen. Das sollte man aber erst tun, wenn man in der oberen Etage keinen Erfolg
hatte. Wie im richtigen Leben muss die Treppe von oben nach unten gekehrt
werden. Als Recherchequelle ruft man entweder direkt beim Unternehmen an
oder sucht in sozialen Netzwerken, wenn das Unternehmen nicht zu Auskünften
bereit ist. Dort sind oft gute Antworten zu finden.

Es gibt aber auch Fälle, in denen nicht so leicht eruiert werden kann, wer der
richtige Ansprechpartner ist. Dies gilt zum Beispiel, wenn man mit einem Unternehmen über das Thema CSR (Corporate Social Responsibility) ins Gespräch
kommen möchte. Die Ansprechpartner sind meist nicht im Marketing tätig. Oft
gibt es einen CSR-Beauftragten, der auf den ersten Blick als der richtige Ansprechpartner erscheint. Schaut man genauer hin, so haben diese Mitarbeiter

jedoch meist nur eine operative Verantwortung. Ein Gespräch mit ihnen ist wenig zielführend. Besser kann es sein, mit dem Leiter der Unternehmenskommunikation zu sprechen. Dieser Weg ist zwar aufwendiger, weil man diese Menschen nur sehr schwer erreicht. Dafür ist er aber Erfolg versprechender, denn die Gesprächspartner können entscheiden. Auch für Agenturen, die an der Nahtstelle von Marketing und Vertrieb aufgestellt sind, ist es nicht immer klar, mit wem sie primär reden sollten. Erschwerend kommt hinzu, dass es gerade bei großen Unternehmen eigene Strukturen gibt. Hier hilft nur durchfragen.

Der New Business-Tipp für Agenturen

Wenn der Empfang den Weg versperrt

Was macht man, wenn man grundsätzlich nur zu den Ansprechpartnern durchdringen kann, zu denen es bereits einen Kontakt gibt? Kennt man keinen Ansprechpartner, wird man meist an eine allgemeine Info-Adresse verwiesen. In diesen Fällen kann die Telefonnummer der Pressestelle hilfreich sein. Man wählt statt der Telefondurchwahl der Pressestelle eine um zwei Stellen nach oben oder unten versetzte. Mit Glück ist diese Nummer geschaltet und es meldet sich kein Fax. Am besten, und das passiert häufig, ist man dort mit einem Mitarbeiter verbunden, der ganz andere Aufgaben hat. Wenn man den total überraschten Anrufer gibt und um die richtige Durchwahl bittet, hat man nicht immer, aber doch häufig Erfolg.

2.1.2.4. Richtig sprechen: Der Ton macht die Musik

Zur Akquise gehört es, sich auf die Sprache des Gegenübers einzustellen. Es kann ein großer Unterschied sein, ob man mit einem Ansprechpartner zu tun hat, der schon lange mit Agenturen arbeitet und folglich deren Sprache spricht, oder ob man in Kontakt mit einem Start-up tritt, das noch keine Agenturerfah-

rung hat. Andreas Gruhl ist der Meinung, dass die Sprache in der Phase der Neu-geschäfts-Anbahnung eine wichtige Rolle spielt: „Mit einem Unternehmen, das marketinggetrieben arbeitet und vielleicht sogar noch eine Zentrale in London oder den USA hat, kann und muss man anders reden als mit einem mittelstän-dischen Unternehmen. Kann ich beim Erstgenannten noch englische Fachwörter voraussetzen oder sollte dies sogar tun, kann dieselbe Wortwahl bei einem Mit-telständler weniger sinnvoll sein. Mit abstrakten, englischen Marketing-Fachbe-griffen hole ich diesen Kunden nicht ausreichend ab und stifte am Ende sogar noch Verwirrung." Findet die Akquisition in speziellen Absatzkanälen statt, so kann man bei den Ansprechpartnern sofort seine Kompetenz darstellen, indem man die dort gängigen Begrifflichkeiten beherrscht. Der LEH (Lebensmitteleinz-zelhandel) ist noch einfach, beim GAM (Getränkeabholmarkt) oder bei der MSH (Media-Saturn-Holding) wird es da schon ein wenig schwieriger.

2.1.2.5. Ein Bad Case: Aus Fehlern anderer lernen

Nachdem bisher die Akquisestrategie eher idealtypisch dargestellt wurde, sol-len jetzt noch die Gründe besprochen werden, warum sie in der Praxis häufig scheitert. Ein Grund für den Misserfolg kann im Aktionismus der Agentur lie-gen. Da stellen Agenturen fest, dass sie momentan zu wenig Kunden haben und beschließen, hundert Mailings zu verschicken. Dann erwacht ein bestehender Kunde und die Agentur hat weder Zeit noch Kapazitäten, um die Aussendun-gen nachzufassen. Aber auch wenn man telefonisch nachhakt, muss man sich vorher überlegt haben, was das angeschriebene Unternehmen genau von der Agentur brauchen könnte und wer anruft. Unterbleibt diese Vorarbeit, wie es oft der Fall ist, muss man sich nicht über eine dünne Resonanz wundern. Christian Niemeyer, Geschäftsführer bei der Hamburger Pitchberatung Francis Drake, be-obachtet: „Die Zuständigkeiten für das Thema Neugeschäft sind oft nicht klar geregelt. Anders als bei vielen größeren und Network-Agenturen, die für dieses Thema häufig Mitarbeiter fulltime beschäftigen und bei denen das Ganze gene-ralstabsmäßig organisiert ist, ist das bei vielen kleineren und mittleren Agen-turen nicht der Fall. Hier wird New Business meistens erst dann gemacht, wenn man feststellt, dass man mal wieder was tun müsste, weil Kunden weggebro-

Christian Niemeyer
Geschäftsführer
Francis Drake
Agenturnavigator,
Hamburg

chen sind oder sich geplante Incomes nicht realisiert haben. Und ganz oft werden diese Neugeschäftsbemühungen mit einer merkwürdigen Aufgabenverteilung angegangen: Anstelle der Geschäftsführung, deren Aufgabe das eigentlich wäre, die aber häufig viel zu sehr in das Tagesgeschäft eingebunden ist, kümmert sich jeder, der Zeit und Lust hat, darum. Zum Beispiel werden dann nach dem Gießkannenprinzip zig Mailings an die verschiedensten Kunden verschickt, ohne sich vorher eingehend mit diesen beschäftigt und überlegt zu haben, warum man für genau diesen Kunden der richtige Agenturpartner wäre. Und selbst wenn man dann dazu kommt, telefonisch nachzufassen (was oft gar nicht gemacht wird, aber unabdingbare Voraussetzung für Erfolg ist), merkt dies der Kunde nach den ersten paar Sätzen und die ganze Mühe ist umsonst. Im Team gut organisiertes, durchdachtes und exzellent vorbereitetes New Business kann letztendlich nur bei der Geschäftsführung angesiedelt sein, die den Blick fürs Ganze und die entsprechenden Entscheidungsbefugnisse hat. Und die – ganz wichtig! – die nötige Durchsetzungskraft hat, Neugeschäftsaktivitäten auch in guten Zeiten und unter dem Druck des Tagesgeschäfts stetig voranzutreiben."

Erstaunlich ist es dann aber zuweilen, was man unter einer New-Business-Strategie versteht. Das folgende Praxisbeispiel ist anonymisiert. Es stammt von einer bekannten Kreativagentur aus Deutschland, deren New-Business-Strategie mir über Umwege zugeschickt wurde. Dieses Beispiel versucht aus dem Bad Case Learnings für eine gute und sinnvolle New-Business-Strategie zu ziehen. Die Erfahrungen sind in der rechten Spalte enthalten.

Ansatz der Agentur:	**Kommentar:**
Wir wollen bis zum Ende des Jahres einen zweiten großen Kunden gewonnen haben. Er soll ein Agenturhonorar von mindestens 1,5 Millionen Euro bringen. Wir wollen mit und für Unternehmen arbeiten, die hoch innovative Produkte und Leistungen für die Menschen entwickeln und produzieren.	Herausfordernde und gut benannte Ziele, an deren Erreichung man sich am Ende des Jahres messen lassen muss. Was „innovative Produkte" sind, wird nicht erklärt. Um hier schneller und besser Unternehmen benennen zu können, die man ansprechen will, wäre eine genauere Beschreibung gut.
Die Gründe, warum man mit uns arbeiten soll, setzen sich aus zwei Themen zusammen: Wir arbeiten seit mehr als vier Jahren für einen der größten Player der Branche XY. Im Rahmen dieser Arbeit haben wir bewiesen, dass wir sowohl eine Marke führen können, als auch dem Kunden neues Geschäft bringen. Auch große Unternehmen hier im Land sollten daran interessiert sein, mit einer Agentur zu arbeiten, die kreative Kommunikation bietet und Verkäufe generiert. Wir möchten als einer der großen Player wahrgenommen werden und eine vergleichbare Position wie Wieden & Kennedy, Sid Lee oder Leagas Delaney erreichen.	Die Agentur hat in der Tat das Glück, dass sie für einen Kunden mit hoher Bekanntheit und Sichtbarkeit arbeitet. Daraus kann man Selbstbewusstsein schöpfen. Was man nicht ausreichend beantwortet, ist die Frage, warum sich ein Unternehmen für die Agentur interessieren sollte. Nur die Arbeit für einen großen Kunden als Referenz zu nennen, ist viel zu abstrakt. Hier muss man einen konkreten Nutzen liefern, den der Marketingverantwortliche für eine Stunde seiner Zeit erhält. Eine solche Argumentation kann nur branchenspezifisch dargestellt werden.
Was ist neu bei uns? An dieser Stelle findet man die bekannten, ruhmreichen Geschichten: Wie sind wir so groß und ruhmreich und heißen alle Talente aus Werbung, von Kundenseite, Kunst usw. herzlich willkommen. Wir können natürlich kraftvolle integrierte Kampagnen liefern usw.	Kunden wollen Nutzen. Den stellt die Agentur leider auch hier nicht dar. Vielmehr erzählt sie davon, wie toll sie selber ist. Das nützt ihr, aber keinem potenziellen Neukunden.

Ansatz der Agentur:	Kommentar:
Was erwarten wir vom Neukundengeschäft?	Hier finden sich wichtige Aspekte. Man möchte nicht mit jedem Kunden reden, sondern wählt genau aus.
Wir wollen qualifizierte Kontakte, um Zeit und Energie sinnvoll einzusetzen. Wir streben dabei an, eine Chance zu bekommen, auf der Shortlist zu landen. Die Marken, mit denen wir sprechen, sollen zur Kultur der Agentur passen. Das Budget sollte mehr als eine Millionen Euro im Jahr für Fees und Produktionskosten betragen. Wir wollen mit Firmen reden, die im Moment mit ihrer Agentur unzufrieden sind und die nicht mit einer Networkagentur arbeiten.	Viele Agenturen tun genau dies nicht ausreichend. Jetzt darüber nachzudenken, mit wem man nicht sprechen will, ist ein guter Anfang. Man sollte noch spezifizieren, an welchen Pitches man teilnimmt.
Ideen, um die Agentur bekannter zu machen: PR/Buzz-Strategie, Networking mit anderen Agenturen	Diese Schlagwörter müssen tragfähig so übersetzt werden, dass man damit mittelfristig arbeiten kann.
Branchen, in denen wir aktiv werden wollen:	Hier sollte man über eine bessere Abgrenzung nachdenken. Branchen, für die man nicht arbeiten möchte, gibt es nach dieser Aufzählung nicht mehr viele. Sie sollten in eine Reihenfolge gebracht werden, die Prioritäten setzt.
Banken und Versicherungen, Handel, Reise und Tourismus, Zubehörmarkt, Technische Unternehmen, Fast Moving Consumer Goods (FMCG), Mode, Kosmetik, Luxusprodukte	

2.1.3. Kontaktanbahnung:
Wege, die zum Kunden führen

Ich werde an dieser Stelle nicht über alle Möglichkeiten berichten, wie man mit potenziellen Ansprechpartnern ins Gespräch kommt. Vielmehr werde ich nur auf die aus meiner Sicht wichtigsten eingehen. Dabei konzentriere ich mich auf die als schwierig geltende Kaltakquise. Aber auch hier kann man schnell Kontakte knüpfen, diese halten und in Geschäfte umwandeln. Bereits bestehende Kontakte und Empfehlungen zu nutzen, ist sicherlich die einfachere Lösung, aber oft reichen diese nicht aus, um die New-Business-Pipeline ausreichend zu füllen.

2.1.3.1. Empfehlungen: Zufriedene Kunden reden lassen

Im Frühjahr 2012 habe ich in Kooperation mit der Fachzeitschrift Werben & Verkaufen eine Studie durchgeführt, bei der wir auf sechs Fragen zum New Business von Agenturen Antworten erbeten haben. Eine Frage war die nach dem erfolgreichsten New-Business-Instrument. Nach dieser Untersuchung sind Empfehlungen und bestehende Kontakte die beste Grundlage dafür, ein neues Geschäft

zu generieren. Auch wenn dies bei immer weniger Agenturen ausreicht, muss man sich doch fragen, ob dieser Weg bisher optimal ausgeschöpft worden ist. Agenturen betonen zwar die Wichtigkeit von Empfehlungen, gehen dieses Thema aber kaum aktiv an. Dabei ist es leicht, auf diese Weise gut voranzukommen.

Wie schon mehrfach in diesem Ratgeber erwähnt, ist das New Business primär ein Job für die Geschäftsführung. Deswegen müssen sich vor allem diese Mitarbeiter auch um Empfehlungen kümmern, die dann nämlich ebenfalls von einer hohen Hierarchieebene ausgesprochen werden. Spannt man hingegen Mitarbeiter aus einer junioren oder mittleren Ebene ein, erhalten diese Empfehlungen, die von vergleichbaren Positionen aus erfolgen. Dem Geschäftsführer einer Agentur nutzt es aber nichts, wenn er Kontakt zu einem Junior-Produktmanager bekommt. Er benötigt Kontakte zu Entscheidern. Gut ist es, wenn zufriedene Kunden von sich aus Empfehlungen aussprechen. Dies lässt sich durch ein aktives Ansprechen fördern.

Empfehlungen fragt man zuerst bei den Entscheidern an, zu denen man eine möglichst lange Beziehung unterhält. Hier ist ein aktives und systematisches Vorgehen erforderlich. Es ist logisch und ratsam, bei den Geschäftspartnern zu

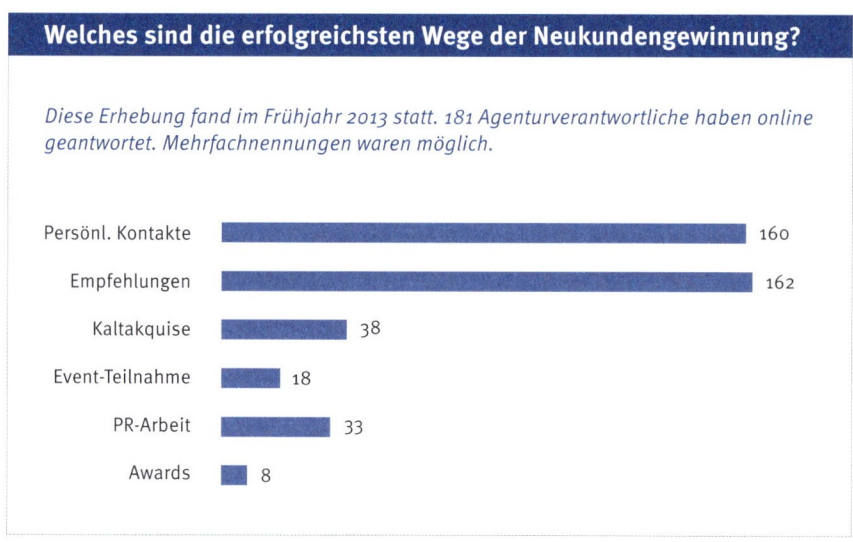

Welches sind die erfolgreichsten Wege der Neukundengewinnung?

Diese Erhebung fand im Frühjahr 2013 statt. 181 Agenturverantwortliche haben online geantwortet. Mehrfachnennungen waren möglich.

Persönl. Kontakte	160
Empfehlungen	162
Kaltakquise	38
Event-Teilnahme	18
PR-Arbeit	33
Awards	8

beginnen, zu denen ein Vertrauensverhältnis besteht. Natürlich darf man von diesen Ansprechpartnern nur solche Kontakte verwerten, die nicht im Wettbewerb zu der eigenen bestehenden Klientel stehen. Gerade wenn die Agentur in einem bestimmten Kompetenzfeld keinen Kunden betreut, kann man genau auf diesen Bereich hinarbeiten. Gibt es dort keine Kontakte, denen man empfohlen werden kann, fragt man den Geschäftspartner nach Kontakten aus anderen Branchen. Es macht übrigens keinen Sinn, mit einem solchen Gespräch immerzu auf den perfekt passenden Augenblick zu warten, denn dann schiebt man dieses wichtige Thema nur unnötig auf die lange Bank. Die Anzahl der auf diese Weise generierten Kontakte ist ohne Zweifel begrenzt. Aber dennoch ist dieser Weg zu wichtig, um ihn nicht konsequent zu gehen.

Gerade zu Beginn ist es oft nicht einfach, den inneren Schweinehund zu überwinden. So ging es mir selbst auch, als ich für dieses Buch auf der Suche nach Gesprächspartnern war und mich dabei auf Empfehlungen bezog. Dieser Weg hat sich aber als sinnvoll und erfolgreich erwiesen. Natürlich gab es auch einige Ansprechpartner, die mich nicht weitergebracht haben. Doch der Großteil der Befragten war mir gern behilflich.

2.1.3.2. Mailings: Was gelesen wird

Mailings werden von Entscheidern auf Marketingseite uneinheitlich bewertet. Auf jeden Fall versprechen sich Agenturen meist einen zu großen Erfolg davon. Es gibt Verantwortliche, die Mailings eine Chance geben. Wichtig ist es, dass sich der Absender mit einem für den Zielkunden relevanten Thema auseinandergesetzt hat. Johannes Schmalenstroer, Leiter Vertrieb und Marketing bei den Deutsche SiSi-Werken in Eppelheim bei Heidelberg und damit verantwortlich für die Marke Capri-Sonne, sagt dazu: „Ich schaue mir Mailings und Schreiben von Agenturen an. Allerdings erwarte ich, dass diese für mich einen Nutzen aufzeigen. Dass die Agentur sich zum Beispiel mit der Marke oder dem Markt auseinandergesetzt hat und bestimmte Ansätze mit mir besprechen möchte. Dann und nur dann lese ich die Schreiben zu Ende. Allerdings formulieren nur ca. fünf Prozent der Absender einen solchen Nutzen. Schwierig finde ich die Ansprache über die sozialen Netzwerke, auf denen ich mich bewege. Hier fühle ich mich eher als Privatperson und gehe auf Kontaktanfragen nicht ein."

Johannes Schmalenstroer
Leiter Marketing und Vertrieb
Deutsche SiSi-Werke, Eppelheim

Einen erkennbaren Nutzen sieht auch Roland Haase als zwingend für ein gutes Mailing. „Wichtig bei Mailings, aber genauso bei Agenturvorstellungen generell ist es, über Cases und deren Lösungen zu sprechen. Viele Agenturen machen nach meiner Ansicht den großen Fehler, die Mitarbeiter und die Agentur zu stark in den Mittelpunkt zu stellen. Hochglanzaufnahmen, die die Geschäftsführung in witzigen Posen zeigen, mögen ihren Reiz haben, aber viel entscheidender ist eine sinnvolle und nachvollziehbare Aufbereitung der gelösten Kundenaufgaben. Die Agenturen bewegen sich hier sicherlich auf einem schmalen Grat, da sie mit einer guten Gestaltung natürlich auch Lust auf mehr machen können. Diese darf aber vom Kern, nämlich der Arbeit, nicht ablenken."

Dass neben dem Nutzen auch die Gestaltung eine wichtige Rolle spielt, bestätigt auch der folgende Interviewpartner. Er ist Marketingleiter eines führenden Finanzdienstleisters mit Sitz in Frankfurt und erklärt: „Manche Agenturen neigen

mit ihren Mailings dazu, Lösungen für Probleme aufzuzeigen, die sie gar nicht kennen. Dies halte ich für falsch. Wichtig ist für mich eine gute Gestaltung, die Aufmerksamkeit erzeugt. Als Agentur zeigt man so seine Kompetenz, Kunden zu erreichen. Ich schließe in diesem Fall von meiner Person auf andere. Wenn eine Agentur für ihr eigenes New Business ein Mailing gut gestalten kann, kann sie dies auch für meine Aufgaben. Dennoch kommt es selten vor, dass ich den Absender gleich anrufe oder anders mit ihm in Kontakt trete, auch wenn mir sein Mailing ausgesprochen gut gefallen hat. Damit das geschieht, muss ich eine Aufgabe unmittelbar auf dem Tisch haben, für die dieses Mailing so oder ähnlich eine Lösung sein könnte. Doch das passiert in der Praxis nicht häufig. Wenn eine Agentur mit mir ins Gespräch kommen möchte, muss sie mich also selbst anrufen. Das tun die Agenturen auch meistens, aber lange nicht immer. Der Erhalt des Mailings und der folgende Anruf müssen zeitlich nah beieinander liegen; sonst kann es passieren, dass ich mich nicht mehr gut an das Mailing erinnern kann."

Gute Ratschläge, wie Sie als Agentur...

... Ihre Mailings versemmeln:

- *Zeigen Sie detailliert, wer Sie sind und was Sie können; nehmen Sie sich die Zeit und die Seiten, die Sie dafür brauchen.*
- *Sie sind der Star, stellen Sie sich also in den Mittelpunkt.*
- *Hochglanz, Hochglanz und nochmals Hochglanz*
- *Bringen Sie zunächst noch keine Inhalte, die folgen im persönlichen Gespräch zu einem späteren Zeitpunkt.*
- *Vergessen Sie nicht, Abbildungen der Geschäftsführung zu bringen.*

Jürgen Herrmann von Ritter Sport beobachtet bei Mailings einen weiteren Aspekt, den es zu verändern gilt: „Agenturen zählen darin zu viele singuläre Inhalte auf, die mich nicht interessieren. Was für eine Vision oder Historie eine Agentur hat, ist mir nicht wichtig. Mich interessiert, wo und mit was mir die Agentur

genau helfen kann. Hier müssen die Dienstleister viel schneller auf den Punkt kommen. Ich kann und will mich nicht durch seitenlange Broschüren wühlen, um erst dann diese Dinge zu finden. Das Gleiche gilt, wenn eine Agentur mir ein kreativ gestaltetes Mailing schickt. Da gibt es durchaus spannende Sachen. Aber nachdem das Mailing meine Aufmerksamkeit geweckt hat, stellt sich sofort die gleiche Frage: Wie kann mir die Agentur konkret helfen? Wer hier nicht umgehend auf den Punkt kommt, verliert den Leser. Hier gibt es aus meiner Sicht einen großen Nachholbedarf. Ich erinnere mich nur an eine einzige Agentur in der Vergangenheit, die das gut umgesetzt hat. Es ist einer der seltenen Fälle, wo jemand nachhaltigen Eindruck gemacht hat, obwohl es die Agentur Santa Maria inzwischen gar nicht mehr gibt. Die Geschäftsführer haben potenziellen Kunden angeboten, mit ihrem Agenturbus vorbeizukommen und ein Problem zu lösen, bzw. sich darüber Gedanken zu machen. Man hat ihnen eine Aufgabe geschildert und am nächsten Tag hat man Lösungsansätze besprechen können. Auch wenn es nur Ansätze waren, konnte man doch bereits erste Ideen diskutieren und bewerten. Dieses Vorgehen war so nutzenorientiert, wie ich es mir vorstelle. Alternativ kann sich die Agentur auch mit unserer Arbeit beschäftigen und versuchen, dazu Impulse zu geben. Sie hat zwar keine Insights und kein Briefing, aber wir werden uns an die Ergebnisse in jedem Fall erinnern."

Nach wie vor bleiben aber die Bedenken bestehen, auf die ich schon eingangs verwiesen habe: Mailings scheinen generell als Akquiseinstrument nur schlecht geeignet. Jürgen Herrmann bestätigt: „Agenturen versprechen in Mailings Lösungen und wissen gar nicht, ob es das Problem gibt. Bei mir wandern alle derartigen Mailings in die Rundablage." Berthold Figgen, ehemals Procter & Gamble, sieht dies ähnlich: „Ich habe regelmäßig Mailings auf meinen Schreibtisch bekommen. Manchmal haben mich die Agenturen danach persönlich am Telefon erreicht. Ich kann mich aber nicht an einen Fall erinnern, der auf diese Weise erfolgreich war. Wenn wir in einem speziellen Feld einen Bedarf hatten, haben wir zuerst geschaut, ob dies die bestehenden Agenturen abdecken können. Erst wenn dies nicht möglich war, sind wir auf die Suche gegangen. Geholfen haben uns dabei immer Empfehlungen."

2.1.3.3. Public Relations:
Was geschrieben wird

Reiner Kepler
Chefredakteur new
business, Hamburg

Auch das Thema Öffentlichkeitsarbeit kann für Agenturen wichtig sein, um mit potenziellen Kunden ins
Gespräch zu kommen. Schließlich kann man alleine
mit der Fachpresse als Multiplikator viele Kunden erreichen. Große Agenturen haben den Vorteil, dass bei
ihnen viele Neuigkeiten anfallen, die kommuniziert
werden können. Kleinere müssen tiefer graben. Meist
haben sie auch weniger Erfahrung, was und wie man mit Pressevertretern ins
Gespräch kommt und bleibt. An dieser Stelle sollen deshalb Redakteure der
Fachzeitschriften, die über die Inhalte entscheiden, zu Wort kommen. Sie geben
außerdem Hinweise zu einer erfolgreichen Pressemitteilung. Für Reiner Kepler,
bei der Fachzeitschrift new business in Hamburg als Chefredakteur tätig, sollten
sich Agenturen auf den Kern ihrer Botschaft konzentrieren. „Agenturen neigen
dazu, diesen Kern durch weitere Inhalte anzureichern, die aber keinen Wert haben. Verzichten sie darauf, ist die Meldung klarer und eindeutiger; sie hat dann
bessere Chancen, mitgenommen zu werden. Agenturen sollten überlegen, welche Themen Sinn machen und ob sie eine Relevanz haben. Wenn heute noch jemand erzählt, dass Social Media wichtig ist und die Online-Nutzung steigt, reißt
das niemanden mehr vom Hocker. Viele Agenturen finden aber nach wie vor,
das sei eine Meldung wert. Wenn die Agenturen eine eigene Erfolgsgeschichte
haben, sollten sie viel eher darüber berichten. Ich finde es immer interessant,
wenn eine Agentur, die in den letzten Jahren gewachsen ist, darüber etwas erzählen kann und man einen Blick hinter die Kulisse werfen darf.“

Peter Hammer, bei der Fachzeitschift Werben & Verkaufen in München als
Redakteur für das Ressort Agenturen verantwortlich, sieht gerade bei kleine-
ren Agenturen mit weniger Meldungen die Pflicht, für einen durchgängigen
Informationsfluss zu sorgen: „Die Großen können immer über Neuigkeiten
berichten, die im Bereich Etat- oder Personalwechsel stattfinden. Kleinere
Agenturen haben diese Möglichkeit nicht und haben meist nicht die entspre-

ONEto**ONE**
DIALOG ÜBER ALLE MEDIEN

Daniel Borchers
Redakteur
ONEtoONE, Hamburg

chenden fachlichen Strukturen. Dort hängt die PR am Geschäftsführer, der häufig zu wenig Zeit dafür hat. Kleinere Agenturen sollten daher die PR-Arbeit an Spezialisten auslagern. Sie sollten außerdem nach Geschichten mit Neuigkeitswert suchen.Das können auch Themen sein, die nicht unmittelbar mit ihrem Geschäft zu tun haben."

Daniel Borchers, Redakteur bei der Fachzeitschrift ONEtoONE in Hamburg, sagt: „Die Pressearbeit von Agenturen ist schwer zu beurteilen, da hier unterschiedlich gearbeitet wird. Uns sind E-Mails mit jeweils nur einer Neuigkeit am liebsten, im Betreff sollte der Inhalt zusammengefasst sein. Andere Agenturen, eher mittelgroße, erstellen gern auch Newsletter mit mehreren Neuigkeiten. Das ist sicherlich mit viel Mühe produziert, wird aber im Alltag kaum vollständig gelesen. Auch wenn kleine Agenturen in der Regel weniger Neuigkeiten zu vermelden haben, so sollte doch zumindest ein regelmäßiger Fluss an Informationen zu sehen sein. Dabei kann es sich auch um interne Meldungen handeln. Es müssen nicht immer Kundenprojekte vorgestellt werden. Eine hohe Frequenz ist nicht unbedingt ein Muss, aber eine gewisse Konstanz. Wichtig ist es vor allem, in Abständen etwas Besonderes zu sagen, das sich von der Masse abhebt."

Aber es gibt auch Bereiche, die Agenturen PR-technisch augenscheinlich sehr gut beherrschen. „Gut sind Agenturen im Nachfassen und Dranbleiben, wenn sie eine Meldung verschickt haben", so Mehrdad Amirkhizi, Ressortleiter Agenturen bei der Fachzeitschrift Horizont in Frankfurt. Bei den Bereichen, die Agenturen in ihrer PR-Arbeit verbessern können, unterscheidet er zwischen formalen und inhaltlichen Aspekten: „Zur formalen Seite gehören Punkte wie Redaktionsschluss, Ressortaufteilung und Themengebiete von Redakteuren. Damit kennen sich nicht alle Agenturen gut aus. Hier gibt es bei vielen noch Verbesserungspotenzial. Inhaltlich können Agenturen an den klassischen Nachrichtenwerten feilen: Hier ist nicht allen klar, dass Themen, die sie selbst für interessant halten, nicht zwangsläufig auch für eine größere Öffentlichkeit relevant sind. Schön

André Schloemer
Senior Vice President
Brand Management &
Corporate
Communication
Unitymedia, Köln

sind auch Themen, die Analysen und Hintergrundgeschichten ermöglichen. Auch hier gilt die Devise: Was könnte einen größeren Kreis interessieren?"

Bei allen Schwierigkeiten, mit denen das Thema PR behaftet ist, verwundert es André Schloemer, Senior Vice President Brand Management & Corporate Communication bei Unitymedia in Köln, dass Agenturen hier nicht aktiver sind: „Schließlich raten Agenturen ihren Kunden doch immer, sich über die Medien zu differenzieren. Agenturen sollten weniger Mailings verschicken und sich stattdessen stärker darum kümmern, ihrem Unternehmen über PR ein eigenständiges Profil zu geben. Natürlich ist das gerade bei der Fülle an Agenturen keine einfache Sache. Es ist auch verständlich, dass der Agenturinhaber wichtige andere Aufgaben hat. Das ändert aber nichts daran, dass man sich über das Erarbeiten von eigenen Themen und das nachhaltige Darstellen dieser Themen eindeutiger positionieren und ins Rampenlicht rücken kann. Einige Agentur-Vertreter machen das bereits erfolgreich und haben es so geschafft, mit ihrem und dem Namen der Agentur auf Redaktionsseite bekannt zu werden. Wenn man dort hin möchte, muss man einen Draht zu den Redaktionen aufbauen. Kurzfristige Resultate wird man nur schwer erreichen; hier lohnt nur eine mittel- und langfristig Denke."

Verbesserungspotenzial sieht André Schloemer bei den Agenturen darin, wie sie mit Veränderungen im eigenen Haus umgehen: „Über wesentliche Veränderungen in der Agentur direkt informiert zu werden, zum Beispiel via Telefon, finde ich eigentlich vollkommen normal. Viele Agenturen schaffen das aber nicht,

Claus Fesel
Leiter Marketing und
Kommunikation
DATEV, Nürnberg

sodass ich die Veränderungen zuerst aus den Medien erfahre. Das finde ich schwierig." Claus Fesel, beim Softwareanbieter DATEV in Nürnberg für das Marketing und die Kommunikation verantwortlich, sieht dies ähnlich: „In der eigenen Kommuni-

kation müssen Agenturen noch viel lernen. Wenn es bei meiner Agentur eine wesentliche Veränderung gibt, also der CD wechselt, möchte ich so etwas direkt erfahren. In der Vergangenheit habe ich in dieser Hinsicht allerdings andere Erfahrungen gemacht."

Der Blick über den Tellerrand

The mistake: not understanding how to "date"

Most agencies have no prospecting program. They just depend on referrals and luck. That's a strategy equivalent to "laying in the middle of the road and waiting to get run over." And for those few that do have one, it usually involves aggressive selling. But professional services are bought, not sold. Selling hard doesn't work. Prospect contact should be all about civilized "dating" where the agency and prospect gradually get to know each other.

Robb High
Robb High Consulting,
New York, USA

Back in the Mad Men era, prospect "dating" was social: dinners, shows, golf, etc. The prospect and the agency principals became familiar and, when the client decided to look for a new agency, they turned to the people they knew well. Today it's hard to even get a current client to got out coffee. Which is why developing a new form of "new business dating" is so critical to grow an agency. Check out "how to date."

2.1.4. Gespräche: Gute Gründe für gute Treffen

Wie auch immer man Kontakt zu potenziellen Kunden sucht, für immer mehr Agenturen reichen die passiv hereinkommenden Anfragen nicht aus, um die New-Business-Pipeline ausreichend zu füllen. Auch wer Mailings verschickt, muss meist hinterhertelefonieren. Hier stellt sich die Frage: Wie kann man nach dem Smalltalk, zum Beispiel über das kreativ gestaltete Mailing, den Gesprächspartner überzeugen, sich persönlich zu treffen? Dies ist dann einfach, wenn es einen akuten Bedarf gibt, der aber, wie oben beschrieben, selten vorliegt. Es bleibt die entscheidende Frage: Warum soll sich ein Marketingleiter mit dem Geschäftsführer einer Agentur treffen? Diese Frage ist sicherlich nicht einfach zu beantworteten.

Die gute Nachricht ist, dass man sich mit guten Antworten leicht von Wettbewerbern absetzen kann. Die allermeisten Agenturen jedoch argumentieren hier stark aus ihrer eigenen Perspektive. Sie versetzen sich meist nicht in die Situation des Kunden. Claus Fesel erzählt: „Ich kann mich nur an eine Agentur erinnern, die sich mit unseren Anzeigen auseinandergesetzt hat und mir dazu ein Feedback geben wollte. Auf diese Art haben sie einen Termin bekommen. Alle anderen wollten nur über sich selbst reden und haben ein ganz gewöhnli-

ches Standardprogramm abgespult, das viele Agenturen vom ersten Kontakt bis zur Präsentation zeigen. Das Schlimmste, was ich diesbezüglich einmal erlebt habe, war eine Präsentation bei einer Agentur, deren Geschäftsführer ich kannte. Eines Tages habe ich mich zu einem Termin bereit erklärt und bin mit meinen Führungskräften in die Agentur gefahren. Dann wurde uns tatsächlich eine Standardpräsentation gehalten. ‚Wer wir sind und wie toll das ist', war das Motto. Ich wäre dem Geschäftsführer fast an die Gurgel gesprungen. Ich verstehe nicht, wie man so eine Chance vergeben kann. Gerade, wenn man den anderen kennt, setzt man sich doch mit dessen Arbeit auseinander und schlägt Verbesserungsmöglichkeiten vor. Dabei ist es zunächst unerheblich, ob man diese annimmt oder nicht. Wenn eine Agentur in der Kaltakquise auf mich zukommt und nur an einem Beispiel aufzeigt, was ich anders oder besser machen sollte, rede ich sofort mit ihr. Das ist unabhängig von meinem akuten Bedarf. Eine solche Ansprache bleibt mir dann auch im Gedächtnis. Jeder, der glaubhaft versichert, dass er mein Unternehmen voranbringen kann, bekommt von mir einen Termin. Häufig gibt es kreative Verpackungen, aber inhaltlich ist nichts dahinter. Was heute an Akquiseversuchen hier hereinkommt, ist 08/15."

Diese Einzelmeinung darf ruhig als repräsentativ gelten, in meiner Befragung haben sich unzählige Gesprächspartner in ähnlicher Weise geäußert. Sie gibt zugleich den Lösungsweg vor: Agenturen sollten weniger über sich und ihre Qualifikationen reden. Stattdessen rückt der potenzielle Kunde in den Fokus. Claudia Endres, bei Ringfoto in Fürth für das Marketing verantwortlich, wundert sich, dass sie Anrufe von Menschen bekommt, die für nichts stehen: „In solchen Telefonaten wird es selten konkret. Der Vertreter möchte einen Termin, weil die Agentur so toll ist und bestimmte Erfahrungen hat – bei dieser allgemeinen Aussage bleibt es in 80 Prozent der Fälle. Es wird oft zu wenig klar, warum diese Agentur gerade mit uns reden will und warum sie gerade uns helfen könnte. Ganz anders wäre es, wenn eine Agentur davon berichtet, dass sie sich mit unserer Arbeit beschäftigt hat und darüber sprechen möchte. Die Menschen, die es zu einem Termin schaffen, verstehen es, das Telefonat zu einem persönlichen Gespräch werden zu lassen, sie telefonieren nicht einfach nur eine Liste ab. Sie haben sich Zeit genommen, haben sich Gedanken gemacht und interessieren sich für die andere Person. Natürlich haben solche Menschen auch eine gewisse Eloquenz."

Ulrich Beuth
Marketingleiter
Flensburger Brauerei,
Flensburg

Ulrich Beuth, Marketingleiter bei der Flensburger Brauerei, erhält pro Woche mehrere – Kontaktaufnahmen von Agenturen. „Man merkt schnell, ob ein Treffen Sinn macht", sagt er. „Viel zu häufig glauben die Agenturen einfach nur, dass eine Marke wie Flensburger gut in ihr Portfolio passt, oder sie finden die Marke spannend. Fragt man nach, stellt sich schnell heraus, dass man sich meist weder mit der Marke noch mit dem Markt beschäftigt hat. Man kontaktiert mich mit derselben Ansprache und Argumentation, die man zuvor an eine Marke aus einem vielleicht ganz anderen Segment gerichtet hat. - Ich erwarte von einer Kontaktaufnahme keine Auseinandersetzung in der Tiefe, aber ein wenig mehr Wissen, ein wenig Vorbereitung ist wünschenswert. Wenn ich dann konkret nachfrage, ob sich die Agentur wirklich zutraut, die erreichten Markenwerte wie zum Beispiel die Sympathie noch zu steigern, kommt so gut wie immer das große Schulterzucken. Große Agenturen unterscheiden sich hier von den kleineren: Die eher bekannten, großen Kreativagenturen sehen die gute Kommunikation der Marke und die Herausforderung, diese noch zu verbessern. Genau deswegen nehmen sie tendenziell weniger Kontakt auf als die kleineren."

Godo Röben, Geschäftsleiter Marketing bei der Rügenwalder Mühle in Bad Zwischenahn, kommt nur mit solchen Agenturen ins Gespräch, deren Kampagnen er gesehen hat und die er gut findet. Diese beobachtet er. Wenn es einen entsprechenden Bedarf gibt, sucht er das Gespräch. „Agenturen, die bei mir angerufen haben oder mir Post schicken, haben meist keine Chance. Der Großteil der Gesprächsangebote ist für mich wertlos. Da werden mir fast ausschließlich Agenturpräsentationen angeboten, für die ich keine Zeit habe; schließlich muss ich meine Arbeit erledigen. Wenn ich verantwortlich für die Akquise einer Agentur wäre, würde ich mir kreative Sachen einfallen lassen. Alternativ dazu ist die fachliche Ebene gut: Wenn man hier einen Nutzen darstellen kann, kommt man einfacher ins Gespräch. Dies passiert aber leider zu selten."

Bisher haben wir die Meinungen bekannter Markenartikler gehört. Wie sehen kleinere B-to-B-Unternehmen die Kontaktaufnahmen der Agenturen? Auch bei

Bernd Dippold, Marketing-Chef bei ALTHEN in Kelkheim am Taunus, stößt die agenturfokussierte Ansprache auf wenig Gegenliebe. Er findet es bedauerlich, dass Agenturen stark über sich selber reden: „Ich werde auf zwei Wegen von Agenturen kontaktiert. Da sind zum einen die Messen. Dort kommt man über den Stand miteinander ins Gespräch. Eine der ersten Fragen ist immer, ob man mit seiner Agentur zufrieden sei. Im nächsten Schritt stellt sich die Agentur selber vor. Zum anderen treten Agenturen über das Internet an mich heran. Man hat unser Unternehmen gefunden und kontaktiert mich. Auch auf diesem Weg sprechen die Agenturen sehr stark über sich selbst. Mir ist es bisher nur einmal passiert, dass eine Agentur auf mich zukam und mir angeboten hat, die im Web zu findenden Downloads zu analysieren. Das hat mich beeindruckt und deswegen habe ich einen Termin vereinbart. Die Agentur hat später einen Auftrag erhalten."

Die agenturfokussierte Akquise erweist sich also als nicht gut funktionierend: Man muss viele potenzielle Unternehmen ansprechen, um wenige Treffer zu landen. Viel Erfolg versprechender ist es daher, sich auf wenige Unternehmen zu konzentrieren und diese mit einem gezielten Ansatz anzugehen. Im letzten Absatz wurde ein solches Vorgehen kurz beleuchtet. Auf diese Weise kann man mehr Termine erreichen, die qualitativ besser sind. Außerdem ist dieser Weg ressourcensparender. Man verbringt weniger Zeit auf der Autobahn und in Meetings, aber man muss sich intensiver mit wenigen Unternehmen im Vorfeld beschäftigen.

Von den Agenturen wird diese Frage, warum sich ein Marketingleiter mit einer Agentur unterhalten soll, als herausfordernd empfunden. Mit der Fachzeitschrift Werben & Verkaufen habe ich zu Beginn des Jahres 2013 eine Studie durchgeführt, in der diese Frage an New-Business-Verantwortliche gestellt wurde. Der größte Handlungsbedarf wurde genau dort gesehen. Als der zweite Bereich, der verbessert werden sollte, folgte die Agenturpositionierung und dann die Credential.

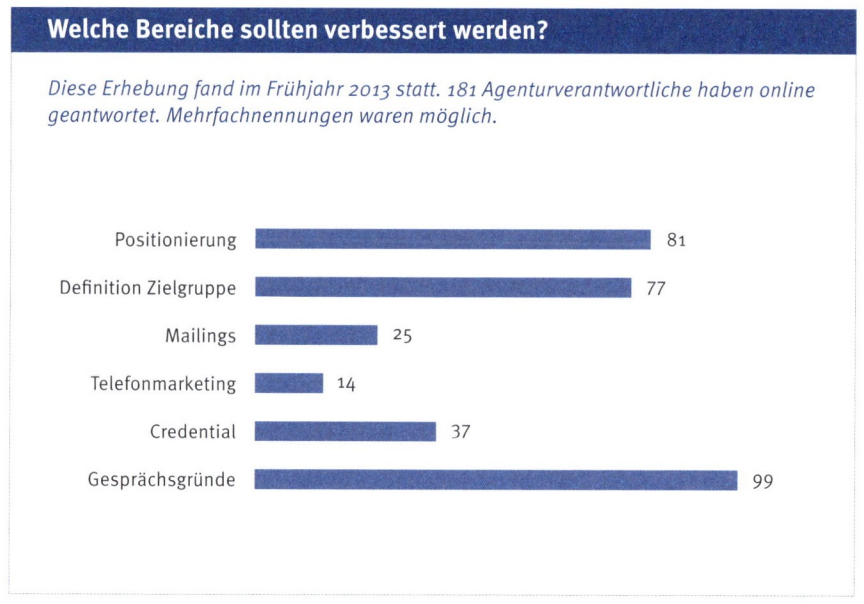

Welche Bereiche sollten verbessert werden?

Diese Erhebung fand im Frühjahr 2013 statt. 181 Agenturverantwortliche haben online geantwortet. Mehrfachnennungen waren möglich.

Positionierung — 81
Definition Zielgruppe — 77
Mailings — 25
Telefonmarketing — 14
Credential — 37
Gesprächsgründe — 99

2.1.4.1. Gründe zum Reden: Die Agentur-Sicht

Ich möchte nun zwei Wege aufzeigen, wie man zu besseren Terminen kommen und dabei die relative Trefferquote stark erhöhen kann. Den ersten Ansatz habe ich im Buch „Erfolgreiches New Business für Werbeagenturen" ausführlich dargestellt, er wird deshalb hier nur kurz umrissen: Man hat sich als Spezialist mit der Marke und der Kommunikation beschäftigt und möchte nun dem Marketingleiter ein Feedback zu ausgewählten Themen geben. Sowohl die behauptete Vorabarbeit als auch die persönlich darzustellenden Verbesserungsvorschläge müssen glaubhaft argumentiert werden. Mit der Idee, sich vorab mit der Kommunikationsarbeit des Unternehmens auseinanderzusetzen und dies zu zeigen, begegnet man dem Vorwurf der Marketingleiter, Agenturen beschäftigten sich nicht mit dem potenziellen Neukunden. Natürlich findet man ein solches Vorgehen jetzt schon bei vielen Agenturen. Aber dieser Ansatz ist nicht frei von Problemen, wie das folgende Beispiel verdeutlicht:

Nehmen wir an, ein Molkereiprodukte-Hersteller ist daran interessiert, im Lebensmitteleinzelhandel (LEH) seinen Absatz zu erhöhen. Als Agentur kann man dazu über promotionale Maßnahmen nachdenken. Dem potenziellen Neukunden wird vorgeschlagen, über On-Pack-Promotions zu sprechen. Man hat konkrete Ideen und bittet aufgrund dieser Überlegungen um einen Termin. Die Sache klingt rund, weil die Anfrage nicht agenturfokussiert, sondern vor den Hintergrund eines konkreten Nutzens gestellt wird. Doch leider wissen die Agenturmitarbeiter nicht, dass es in diesem Unternehmen massive technische Restriktionen gibt, die eine Umsetzung fast aller Ansätze verhindern. Ein vielversprechender Ansatz scheitert. Mit einem solchen, grundsätzlichen Problem werden Agenturen häufig konfrontiert, da sie kein Briefing und keine Insights haben. Auch wenn es hierfür nicht immer eine Lösung geben kann, sollte man versuchen, die Perspektive des Unternehmens noch konsequenter in die Überlegungen einzubeziehen und zum Beispiel aus der Sicht der Kunden zu argumentieren. Wie das umgesetzt werden kann, zeigen die folgenden Punkte.

Der New Business-Tipp für Agenturen

Das Problem des Banden-Spiels – ein Negativbeispiel

Ein Marketingverantwortlicher hat berichtet, dass er Unterlagen von einer Agentur erhalten hat und diese gleichzeitig an den CEO gegangen sind. Wohlgemerkt: Das Unternehmen hat Bedeutung und der CEO kannte weder den Absender noch die Agentur. Auf verschlungenen Wegen kam der Brief vom CEO zur Marketingleiterin; sie solle sich das doch mal anschauen. Nachdem dann aber geklärt war, dass es für diese Agentur zu diesem Zeitpunkt keine Verwendung gab, sollte die Sache eigentlich ad acta gelegt werden. Dann bekam der Marketingverantwortliche nochmals ein Schreiben der Agentur, diesmal mit der eindeutigen Bemerkung, dass er sich des Themas nochmals anzunehmen hätte, da der oberste CEO das Schreiben ebenfalls erhalten habe. Eine solche Drohung hat die Agentur endgültig aus dem Rennen geworfen, da die Entscheiderin genug Mumm hatte, sich hier nicht einschüchtern zu lassen.

2.1.4.2. Bessere Gründe zum Reden: Die Kunden-Kunden-Sicht

Um Probleme zu vermeiden, wie ich sie anhand des Molkereibeispiels geschildert habe, kann es hilfreich sein, die Kunden-Kunden-Sicht einzunehmen. Auch hier bringt die Agentur dem Marketingverantwortlichen einen Nutzen für die Gesprächsstunde mit. Der Grundgedanke besteht darin, dass jeder Marketingverantwortliche ein Interesse daran haben sollte, zu wissen, was seine Kunden bzw. potenziellen Kunden über die Marke und damit über seine Arbeit denken und sagen. Natürlich ist der Vorbereitungsaufwand für ein solches Gespräch höher, als wenn man nur eine Präsentation zeigen möchte. Doch es gibt einige Möglichkeiten, die Vorbereitung zu variieren und zu skalieren. Dazu folgen Beispiele:

Beispiel 1: Die Kundenbrille im B-to-B-Bereich

Im B-to-B-Beispiel geht es um eine Agentur, die viel Erfahrung im Finanzbereich hat. Zum Zeitpunkt der Akquise gab es keinen Kunden aus dieser Branche. Zielunternehmen für das New Business waren Investmentfonds, wobei wir uns auf die zehn größten konzentriert haben. Diese Unternehmen verkaufen ihre Produkte im B-to-B-Bereich unter anderem über Makler, Honorarberater usw. Von diesen Absatzmittlern wollten wir im Vorfeld wissen, wie sie die Marke der Investmentfonds und die Kommunikation beurteilen. Diese Sicht sollte den Marketingverantwortlichen im Unternehmen als Nutzen dargestellt werden. Sinnvollerweise führt man die Interviews mit den Maklern und Beratern erst dann, wenn man schon Gesprächstermine mit den potenziellen Neukunden vereinbart hat. Dann lassen sich im Idealfall die Interviews bündeln. Entscheidend ist hier nur, dass man keine Erwartungen schafft, die später im Gespräch nicht erfüllt werden. Natürlich kann man mit einer solchen Untersuchung keine repräsentativen Ergebnisse liefern. Das ist aber auch nicht das Ziel. Die Agentur hat aus Kunden-Kunden-Sicht die Marke qualitativ betrachtet und möchte diese Ergebnisse persönlich darstellen.

Die Perspektive des potenziellen Neukunden zu wählen, hat zur Folge, dass man beim Ansprechpartner auf eine größere Offenheit für weitere Themen trifft. Genau dies sind die Erfahrungen von Agenturen, die mit diesem Ansatz arbeiten. Man stellt die eigene Agentur in den Hintergrund und fokussiert viel stärker auf das Geschäft des potenziellen Kunden. Das heißt, dass den Gesprächspartnern alle wesentlichen Informationen über die Agentur schon vor dem Gespräch zur Verfügung gestellt werden. Im Rahmen des persönlichen Treffens wird sich die Agentur nur noch einmal kurz präsentieren. Dafür reichen maximal 15 Minuten aus. Dann bespricht man die Ergebnisse. Auch wenn die meisten Resultate für den potenziellen Neukunden keinen großen Neuigkeitswert sollten, ist dies nicht weiter schlimm: Dem Marketingverantwortlichen wird klar, dass sich die Akquisitoren mit seinem Geschäft beschäftigt haben. Terminvereinbarungsquoten von 30 bis 50 Prozent sind hier keine Seltenheit.

Natürlich ist dieser Ansatz nicht frei von Herausforderungen. Die erste ist offensichtlich: Man benötigt Zeit für die Vorbereitung. Die zweite Herausforderung ist unangenehmer und man hat es leider nicht immer selbst in der Hand, sie zu bewältigen: Man kann auf einen Ansprechpartner treffen, der kein Interesse an einer Zusammenarbeit hat und dies nicht mitteilen darf. Einige sprechen diese Aussichtslosigkeit bereits beim Telefonat an. Dann muss entschieden werden, ob man den Termin wahrnimmt oder nur in Kontakt bleibt. Es gibt aber auch Verantwortliche, die vor dem Hintergrund einer bereits bestehenden, guten Agenturbeziehung genau dies nicht mitteilen. Sie finden nur die Ergebnisse des neuen Bewerbers interessant, denken aber nicht ernsthaft darüber nach, es für die Agentur zu einem Job kommen zu lassen. Es bleibt leider ein gewisses unternehmerisches Risiko bei diesem Vorgehen, was sich wie so oft nicht ausschalten, sondern nur minimieren lässt.

Beispiel 2: Die Kundenbrille im B-to-B-Bereich

Ich möchte Ihnen ein weiteres Beispiel aus dem B-to-B-Bereich vorstellen, das sich aber an der Grenze zum B-to-C-Bereich bewegt. Zielgruppe der Interviews sind die Fachhändler der großen Vertriebsschiene für elektronische Produkte

(zum Beispiel MSH) und speziell die dortigen Verkäufer, die Kunden beim Kauf von erklärungsbedürftigen Produkten beraten (Kaffeemaschinen, Küchengeräte usw.). Von ihnen wollten wir zuerst wissen, welche Produkte einer Kategorie sie empfehlen und warum das so ist. Zweitens hat interessiert, welche sie nicht empfehlen; auch hier haben wir nach der Begründung gefragt. Das waren die Kernfragen der Akquise, die die Agentur in einem persönlichen Gespräch den Marketingverantwortlichen zeigen wollte. Auch hier war keine Rede von einer repräsentativen Untersuchung. Vielmehr möchte die Agentur einige spannende und spitze Bemerkungen darstellen. Diese Argumentation hat ausgereicht, um bei sechs von zehn Zielunternehmen einen guten Termin zu erhalten.

Der Blick über den Tellerrand

Robb High, Robb High Consultant
The mistake: selling too hard

When agencies do new business prospecting (and amazingly only about 20% do it with any regularity) the "endgame" is to get a face-to-face with the decision-maker. Which is very hard to do. That degree of difficulty often makes agencies feel that they've "only got one shot" so they go into sell mode and push hard for an assignment. Being aggressive doesn't work. Professional services are bought, not sold. There are a lot of reasons that clients decide to look for a new agency. And being the subject of an aggressive agency sales pitch isn't one of them.

In fact, being aggressive turns clients off. It's a major reason why they resist meeting with agencies. They don't want to be pressed. In the end an agency gets picked because "they like them and trust them." Which is why prospecting should be more like real-world dating where you take your time and seek to have a series of meetings to get to know each other. "Asking for the order" at the first meeting is akin to asking to get married on a first date.

And never make the subject of the first date be about the agency, i.e. "creden-
tials." Equally lame is using the cliché approach of "what keeps you up at
night." Instead use a topic they will genuinely be interested in hearing about.

Beispiel 3: Die Kundenbrille im B-to-C-Bereich

Nach dem B-to-B- folgt jetzt noch ein Beispiel aus dem B-to-C-Bereich. Hier ist
es für den Marketingverantwortlichen einfacher, ein Feedback zu ausgewählten Fragen zu erhalten, da Menschen greifbarer sind. Neben der Marke selbst
kann der Point of Sale (POS), die Verpackung oder Ähnliches im Fokus stehen.
Was sagen die Verbraucher zum Auftritt? Wie verstehen sie die Marke? Sehen
sie die Marke am POS anders, als dies mit der klassischen Kommunikation vermittelt wird? Natürlich werden Unternehmen die meisten Ergebnisse über die
Marktforschung bereits vorliegen haben. Aber eine Agentur kann hier Inhalte in einer Fokussierung liefern, die man so noch nicht hat. Die Agentur kann
sich auch auf Randthemen beziehen, die trotzdem für den Kunden interessant
sind. Denn dieser kann durch die Marktforschung ja nicht alle Aspekte abdecken, sondern muss sich konzentrieren. Gerade das Internet bietet spannende
Feedback-Optionen für den B-to-C-Bereich. In unserem Beispiel hat die Agentur
im Gespräch mit der Marketingleiterin einer Versicherung gezeigt, wie Kunden
Informationen anfordern oder einen Vertrag abschließen. Die Agentur hat dabei ihre Sicht verlassen und durch die Brille des Kunden geschaut. Die Marketingleiterin war sich sicher, die Ergebnisse der Agenturbefragung zu kennen.
Aber sie fand diesen Akquiseansatz so interessant, dass sie einem Termin mit
der Agentur vereinbart und ihr auch einen Auftrag gegeben hat.

Aber Vorsicht: Diese Methode ist keine Allzweckwaffe. Es gibt Bereiche, wo dieser Weg nicht funktioniert, etwa, weil der Bereich neu ist. Dies war zum Beispiel
so, als ich im Frühjahr 2012 für eine Agentur gearbeitet habe, die Kommunika-

tion für mobile Endgeräte anbot. Damals gab es noch so wenig mobile Inhalte, dass eine fundierte Recherche im Vorfeld kaum möglich war. Weiterhin ist das Interesse daran, dass Agenturen eine solche Sichtweise einnehmen, immer auch von der Größe des Unternehmens abhängig. Bei größeren Unternehmen kann die Methode ein wunderbarer Türöffner sein, bei kleineren Unternehmen hingegen, also dem Mittelstand, wird man eine schlechtere Resonanz erhalten. Auch Marktforschung hat bei diesen Unternehmen im Allgemeinen einen geringeren Stellenwert. Man meint, ausreichend gute Informationen über den Außendienst oder aus anderen Quellen beziehen zu können.

Gute Ratschläge, wie Sie als Agentur...

... Ihre Erstinfos, die per Mail verschickt werden, versemmeln

- *Nehmen Sie große Bilder mit einer Dateigröße von vielen MB, das wirkt am besten.*
- *Formulieren Sie viel Text über die Agentur, damit der potenzielle Kunde gut informiert ist.*
- *Telefonieren Sie nicht nach: Wenn ein Kunde Interesse hat, meldet er sich schon.*
- *Stellen Sie sich dar.*
- *Bilden Sie die von Ihnen erstellten Werbemittel ab, oder setzen sie noch besser gleich einen Link zur Webseite Ihres Kunden.*
- *Schreiben Sie nur nichts Spezifisches zum potenziellen Kunden.*

2.2. Operative Neukundengewinnung: Das tägliche Neugeschäft meistern

Atempause für einen kleinen Status: Bis jetzt wurde festgelegt, wen man ansprechen will und warum sich dieser Entscheider mit der Agentur unterhalten soll. Neben dem Kern wurde die Notwendigkeit betont, auch die Kapazitäten und Ähnliches zu planen. Im folgenden Teil soll es nun darum gehen, wie dieser Ansatz konkret umgesetzt wird. Was sollte man verschicken und was sollte man bei einem Termin zeigen und wer macht das am besten?

2.2.1. Vor dem Termin: Informieren und nicht spekulieren

Hat man den Ansprechpartner erreicht und ist mit ihm über die oben genannten Ansätze ins Gespräch gekommen, so wird er meist Unterlagen über die Agentur erfragen. In den wenigsten Fällen wird direkt ein Termin vereinbart werden können. In diesen Unterlagen sagt man nichts zu den angestellten Vorüberlegungen, sondern liefert die Basisinformationen zur Agentur. Diese sollten zeitnah verschickt werden und vor allem kurz und bündig sein. Idealerweise zeigt man Größe durch spannende Projekte und Kunden.

... den Erstkontakt versemmeln

- *Die Zeit für ein Telefonat ist kostbar. Daher sollten Sie schnell zur Sache kommen und sofort erfragen, ob ein potenzieller Neukunde überhaupt schon eine Agentur hat.*
- *Sie als Geschäftsführer haben dafür natürlich keine Zeit, lassen Sie das Telefonat ruhig Ihren Juniorkontakter führen, der ist ohnehin viel charmanter.*
- *Setzen Sie unbedingt auf Masse. So erhöhen Sie die Erfolgsrate.*
- *Standardisieren Sie den Prozess, so können Sie nochmals mehr Kontakte erreichen.*
- *Minimieren Sie die Vorbereitungszeit, nutzen Sie Ihre Ressourcen erst dann, wenn Sie tatsächlich einen Auftrag haben.*

2.2.1.1. Agenturinfos verschicken: Auf den Punkt bringen

Wie angesprochen ist in den Unterlagen zur Agentur die Konzentration auf die wesentlichen Informationen der Schlüssel zum Erfolg. Visionen und Philosophien interessieren primär nur die Agentur selbst. Die übersichtliche Darstellung relevanter Cases ist neben den Fakten zur Agentur der zweite, wichtigere Teil. Frank Sahler, Marketing-Chef beim 1. FC Köln, sagt dazu: „Wenn man eine kurze Credential verschickt, mit der man die Agentur nach einem telefonischen Erstkontakt vorstellt, so sollte diese maximal 20 Charts umfassen. Diese mit Schrift vollzuladen, ist nicht sinnvoll, da man sie innerhalb von drei Minuten durchklicken will. Danach weiß man, was die Agentur auszeichnet und was sie kann." Nach seiner Ansicht sollte man eine Credential immer an eine Mail hängen und sie nicht beispielsweise per Download-Link zur Verfügung stellen. „Mit einem Download-Link wird der Empfang komplizierter. Aber man will und soll es dem Ansprechpartner bitte einfach machen. Ein Link bedeutet mehr Arbeit und man

kann ihn vielleicht nicht überall öffnen. Vielleicht erlaubt das mein Computer nicht, vielleicht bin ich gerade unterwegs. Den Anhang via Mail zu erhalten und zu öffnen, ist außerdem gelernt. Jeder weiß, damit umzugehen." Angemerkt sei noch, dass die oben genannten 20 Charts die höchste Anzahl ist, die von einem der Interviewpartner genannt wurde. Viele waren noch strikter und nannten zehn Charts als die maximal akzeptierte Größe einer Credential. Einig sind sich alle Interviewpartner darin, dass die Cases hier wie später in der Präsentation den Schwerpunkt bilden sollten.

Dominik Kaiser, Leiter Kommunikation bei Harmonic Drive in Limburg/Lahn, rät Agentur-Akquisitoren, zugesagte Informationen zeitnah zu versenden: „Ich erwarte dies innerhalb von drei Arbeitstagen. Wenn ich zwei Wochen warten muss, läuft die Agentur Gefahr, dass ich sie schon wieder vergessen habe. Ausnahmen gibt es, wenn die Informationen noch recherchiert werden müssen und dazu vielleicht sogar die Unterstützung Dritter benötigt wird. Wenn eine Agentur die Informationen im Rahmen der eben genannten Zeitspanne schickt, fällt sie positiv auf. Viele Agenturen schaffen dies leider nicht. Es ist schade, wenn man ein gutes Telefonat geführt oder ein gutes Gespräch gehabt hat, dann aber unnötig lange warten muss. Plant eine Agentur, nach einem persönlichen Gespräch Inhalte zu liefern, präsentiert sie am besten zu zweit. Dies ist insbesondere dann gut, wenn sich die zwei Gesprächspartner ergänzen; der eine ist eher extrovertiert, der andere eher ruhiger und kann besser mitschreiben."

Nach dem Verschicken der Unterlagen ruft man den Ansprechpartner nach fünf Arbeitstagen an – mit Bezug auf die hoffentlich erhaltenen Unterlagen. Man erinnert daran, welchen Nutzen man im persönlichen Gespräch zeigen möchte. Kommt es zu einem Termin, wird dieser innerhalb von zwei Werktagen per Mail bestätigt.

2.2.1.2. Nochmals Kontakt aufnehmen: Wer anruft, bleibt

Zu viele Agenturen verlassen sich nach ihrer schriftlichen Bestätigung des Termins darauf, dass dieser zustande kommt. In jedem Falle aber ist ein nochmaliger Anruf unmittelbar vor dem Termin notwendig. Nur so bekommt man eine direkte Bestätigung. Diese Gelegenheit kann überdies genutzt werden, um über den Inhalt des Gesprächs und die beiderseitigen Erwartungen zu sprechen. Nur kurz Zeit und Ort bestätigen zu lassen, schöpft das Potenzial eines solchen Anrufs nicht aus. Es kommt vor, dass man noch weitere Informationen bekommt, die den Termin interessanter werden lassen. Es kann sich auch herausstellen, dass es sinnvoller ist, den Termin abzusagen. Denn natürlich ist das Gespräch mit dem Vertreter eines Unternehmens nur dann lohnend, wenn dieser Termin auch eine gewisse Qualität hat. Niemand muss mehrere Stunden unterwegs sein, um sich mit einer Marketingassistentin zu unterhalten. Ein guter Termin findet mit dem richtigen Ansprechpartner statt. Das kann ein Entscheider sein oder jemand, der eine Entscheidung direkt beeinflussen kann. Für den Termin sollte eine Stunde an Zeit zur Verfügung stehen. Vor demselben Hintergrund ist es sinnlos, jemanden zu einem Termin überreden zu wollen: die notwendige Qualität wäre dann wohl kaum gegeben. In der Praxis werden zu viele Termine vereinbart, die von unzureichender Qualität und damit wenig Erfolg versprechend sind. Doch die Entscheidung muss jeder im Einzelfall selbst abwägen. Auch Termine mit einer kürzeren Zeitspanne wird man wahrnehmen, wenn beispielsweise der Ansprechpartner in die Agentur kommt.

Sich zu Beginn der Akquise Gedanken darüber zu machen, wie die Ergebnisse der Kunden-Kunden-Sicht oder eines anderen Gegenstands der Vorbereitung in einem Gespräch präsentiert werden, ist extrem wichtig. Dies muss ökonomisch sinnvoll möglich sein. Gerade wenn man sich auf den B-to-B-Bereich fokussiert und zum Beispiel ein Feedback von Absatzmittlern darstellt, ist es schwierig, die dafür richtigen Gesprächspartner zu finden. Sie müssen regional verfügbar sein und eine Meinung haben. Wer Ergebnisse filmen will, muss ein Mindestmaß an Telegenität besitzen. Neben einem Videoformat, was übrigens wegen des großen Aufwandes gerade im B-to-B-Bereich nur selten zu empfehlen ist, bieten sich Charts an.

2.2.2. Während des Termins: Das Jetzt entscheidet

Nun hat es die Agentur also zu einem persönlichen Treffen geschafft. In diesem Kapitel soll beschrieben werden, was aus Sicht der Verantwortlichen die wesentlichen Punkte sind, die Agenturen jetzt beachten sollten. Entscheidend für den Erfolg des Treffens ist eine wirklich gute Vorbereitung. Dadurch kann man sich von vielen Wettbewerbern absetzen. Ich werde aber auch auf die inhaltlichen und formalen Aspekte eines Treffens eingehen und zeigen, wie wichtig der Dialog dabei ist.

2.2.2.1. Präpariert sein: Gute Vorbereitung ist alles

Beginnen wir mit der Vorbereitung. Viele Marketer bemängeln, dass Agenturen sich im Vorfeld häufig zu wenig über den potenziellen Neukunden schlaumachen. T-System-Marketing-Chef Thomas Spreitzer hat dazu eine eindeutige Meinung: „Aus meiner Sicht bereiten sich zu viele Agenturen noch nicht ausreichend auf einen Termin vor. Nur wer dies tut und sich nicht auf bisherige Standardlösungen verlässt, die man recycelt, kann die richtigen Fragen stellen. Nur mit Vorbereitung bekommt man die notwendige Tiefe, um das Produkt und

den Markt zu verstehen. Agenturen, die es nicht scheuen, sondern Lust darauf haben, sich tief einzuarbeiten, können Lösungen vorschlagen. Diese müssen nicht zwingend funktionieren. Ich kann gut damit leben, wenn mir eine Agentur eine Lösung anbietet, die sich dann doch nicht als umsetzbar herausstellt. Die Mitarbeiter haben mir trotzdem gezeigt, dass sie sich intensiv mit dem Thema auseinandergesetzt haben. Auf diese Weise kann man schneller und leichter zu guten Resultaten kommen." Aus seiner Sicht sind PR-Agenturen hier geschulter: „Die sind es gewohnt, sich tief einzuarbeiten. Werbeagenturen neigen eher dazu, nicht so tief zu bohren. Sie sind schneller bereit, Lösungen, die aus ihrer Sicht bei einem vergleichbaren Problem der Vergangenheit funktioniert haben, nochmals verändert zu zeigen."

Der Blick über den Tellerrand

Die Aufgabe ernst nehmen

Nehmen Sie die Aufgabe ernst, sich bei dem Kunden vorzustellen und bereiten Sie sich auf das Gespräch vor! Es macht einen schlechten Eindruck, wenn die Agentur die Produkte des Kunden nicht oder nur teilweise kennt. Gut kann man über Mystery Shopping, Store Check, Produkte ausprobieren etc. einen Einstieg finden, der im Gedächtnis bleibt Versuchen Sie nicht, Ihren potenziellen Kunden mit Zahlen, Daten und Fakten zu seinem Geschäft zu überzeugen. Die kennt er selbst besser. Überraschen Sie ihn lieber mit einem Blick auf sein Business, den er selbst nicht hat.

Karola Heise
Marketing Beratung
& Agentur Coaching,
Frankfurt

Björn Simon
Marketingleiter
Yello Strom, Köln

Für Björn Simon, Marketingleiter beim Kölner Unternehmen Yello Strom, gilt der Aspekt der Einarbeitung nicht nur für die Neukundengewinnung. „Agenturen können sich von anderen abheben, indem sie mehr über den Kunden ihrer Auftraggeber wissen. Wir haben regelmäßig das Problem, dass Agenturen unsere Leistungen bzw. unser Marktumfeld nicht gut kennen. Damit meine ich zum Beispiel Kenntnisse über den durchschnittlichen Stromverbrauch oder wie ein Anbieterwechsel funktioniert. Hier sollten Agenturen viel mehr Wissen aufbauen – das ist ein prima Differenzierungsmerkmal."

Ich nenne ein paar weitere Beispiele bzw. Erwartungen zum Thema Vorbereitung: Ein Marketingleiter, der eine Agentur über eine Anzeige gesucht hat, berichtet aus dem Kennenlern-Meeting. Der Geschäftsführer der eingeladenen Agentur antwortete tatsächlich in einem persönlichen Gespräch auf die Frage, was er über das Unternehmen wisse, mit: „Gar nichts." Diesen extremen Fall findet man sicherlich selten. Aber er verweist auf den geringen Aufwand, den viele Agenturen im Vorfeld betreiben. Wenn es auf der Webseite eines potenziellen Neukunden einen Unternehmensfilm gibt, so schaut man sich diesen neben der Webseite an. Auch wenn nur mit einem Entscheider telefoniert wird, bedarf dies einer sinnvollen Vorbereitung. Sandra Sydow, Marketingmanagerin bei Swatch, sagt dazu: „Viele Agenturen, die mit der Marke Swatch ins Gespräch kommen wollen, sind beim ersten Telefonat nicht ausreichend vorbereitet. Wenn man kurz nach dem Intro von den Ansprechpartnern wissen will, was sie über die Marke wissen, bringt man die meisten in Schwierigkeiten. Sie wissen dann keine sinnvolle Antwort."

2.2.2.2. Die Inhalte: In der Kürze liegt die Würze

Nun hat man es also zu einem persönlichen Gespräch geschafft und sitzt sich erwartungsvoll gegenüber. Auch wenn das eigentlich eine Selbstverständlichkeit sein sollte, möchte ich es dennoch anmerken: Mit einer vollgeschriebenen und

dann stur vorgelesenen Präsentation verbauen Sie sich selbst jede Chance. Ansonsten gelten für eine Präsentation die gleichen Maximen wie für die versendeten Unterlagen: Kürze und Konzentration auf das Wesentliche. Weiterhin gilt auch hier, dass Cases und Referenzen wichtig sind. Diese sollten umfangreicher sein, es genügt nicht, nur Werbemittel abzubilden. Nur die Aufgabe oder die Lösung zu beschreiben, ist ebenfalls zu wenig. Heute ist Kommunikation komplexer und dies muss gezeigt werden. Wie die Agentur die Zielgruppe erreicht hat und welche Botschaft sinnvoll ist, sind die darzustellenden Themen. Bildet man nur eine Anzeige ab, wird man dem nicht gerecht. Der dahinter stehende Prozess, Insights und wie die Agentur diese gefunden hat, sind Dinge, die gezeigt werden müssen. Welche Mechanik wurde eingesetzt? War die Anzeige ausreichend oder mussten begleitende Instrumente entwickelt werden? Wurde die Zielerwartung des Kunden übertroffen? Obwohl alle diese Informationen sinnvoll sind, wird man genau auswählen, wie und in welcher Ausdehnung man sie darstellt. Auf einer öffentlich zugänglichen Webseite der Agentur wird dies eine andere Tiefe haben als in einem persönlichen Gespräch.

„Cases in einer Agenturpräsentation zu zeigen, ist wichtig. Leider verwechseln dies zu viele Agenturen mit dem bloßen Zeigen einer Anzeige oder des Hauptmotivs. Besser stellt man zuerst die qualifizierten Kontaktpunkte dar. Wenn ich dazu noch die Kanäle betrachte, dann kann ich aussagen, warum ich dieses Motiv genutzt habe", sagt Claus Fesel, Marketing- und Kommunikationsleiter bei der DATEV in Nürnberg.

Und was war das zahlenmäßige Ergebnis des vorgestellten Cases? Manchmal kann man das nicht messen oder man darf nicht darüber reden. Wenn diese Informationen aber vorliegen und die Agentur sie zeigen darf, sollte dies beim Termin auch geschehen. Am besten sind die klassischen Key Performance Indicators (KPI). Aber in Zeiten des Internets kann man auch andere Zahlen zutage fördern. Genau diese Wirkungsdarstellung findet Claus Fesel interessant: „Ergebnisse zu zeigen, ist nicht einfach. Manchmal kann man es nicht, manchmal darf man es nicht. Aber es ist der richtige Weg, wenn sich eine Agentur mit diesem Thema stärker auseinandersetzt. Das tun die wenigsten. Alternativ kann man einen Kunden zu Wort kommen lassen. Der Kunde sagt als Referenz etwas

Gutes über die Agentur. Dies muss man nicht zwingend auf der Internetseite publizieren, aber in einer Präsentation, die man persönlich hält, ist das einfacher. Es gibt nur wenige Agenturen, die dieses Thema ernsthaft angehen und sich darüber von anderen abgrenzen."

Boris Dolkhani ist beim Augsburger Roboterhersteller KUKA für das Corporate Marketing verantwortlich und war vorher Vorstand der Münchner Agentur FEUER. Aus seiner heutigen Sichtweise und mit seiner Erfahrung würde er viele Dinge im New Business anders lösen als früher zu Agenturzeiten: „Viele Agenturen präsentieren zu ausführlich. Ich habe wenig Verständnis für zu lange Eigendarstellungen. Nach fünf Minuten muss alles gesagt sein. Ich muss die Kernkompetenzen kennen, wissen, wie groß die Agentur, die für mich verantwortlichen Mitarbeiter kennenlernen und die relevanten Cases. Im Übrigen habe ich mich vorher auf der Webseite der Agentur informiert. Interessant sind für mich die relevanten Referenzen. Relevant meint, dass ich zum Beispiel mit Verkaufsförderungsaktionen für mein Geschäft nichts anfangen kann. Cases und alle anderen Informationen sollen so aufgezogen sein, dass sie für mich einen Nutzen haben und dass ich mit ihrer Hilfe die Agentur besser beurteilen kann. Auch wenn Agenturen immer sagen, dass sie genau das täten, erlebe ich es viel zu selten."

Dominik Kaiser sagt: „Die meisten Agenturen zeigen zu viele Charts und nutzen zu viel Zeit dafür. Eine Agentur sollte heute maximal 20 Minuten präsentieren. Noch weniger ist besser. Es gibt schließlich immer einen Grund, warum ich mich mit einer Agentur unterhalte und über den ich sprechen will. Präsentiert eine Agentur zu lange, bleibt dafür keine Zeit. Mit sechs Charts kann man auskommen."

Für Johannes Schmalenstroer, Leiter Vertrieb und Marketing bei den Deutschen SiSi-Werken in Eppelheim bei Heidelberg, sind viele Angaben, die eine Agentur für nützlich hält, zweitrangig. Dies betreffe zum Beispiel die Anzahl der Mitarbeiter. Für viele Agenturen könne dies ein Zeichen von Sicherheit und Größe sein. „Das hat aus meiner Sicht keine Bedeutung", sagt Schmalenstroer, „und es bringt keine Sicherheit. Wenn eine große Agentur einen Kunden verliert und deswegen viele Mitarbeiter entlassen muss, hat sie ein größeres Problem, als wenn eine kleine Agentur mit weniger Mitarbeitern ebenfalls Leute abbauen muss. Im Zweifelsfall geht das bei ihrer Größe besser und schneller."

2.2.2.3. Die Form: Die Renaissance des Overhead-Projektors

Neben der inhaltlichen Seite gab es im Rahmen der Gespräche mit den Marketingverantwortlichen immer auch Hinweise auf die formale Seite. „Agenturen erzählen mir, dass ich mich mit meiner Kommunikation differenzieren soll. Wenn ich mir aber anschaue, wie Agenturen hier präsentieren, passiert genau das oft nicht", erzählt Dominik Kaiser. „Fast 100 Prozent der Kommunikationsdienstleister benutzen Powerpoint oder Vergleichbares. Warum ist das so? Warum gehen Agenturen so vor wie alle ihre Wettbewerber? Warum ist Powerpoint so zwangsläufig?", fragt er weiter. „Es gibt doch prima Möglichkeiten, sich abzusetzen. Natürlich muss die Geschichte dazu passen und man kann nicht jedes Format bei jedem Unternehmen nutzen. Allein Prezi einzusetzen, kann differenzieren; das habe ich bisher aber nur einmal erlebt." Wer nun auf Prezi neugierig geworden ist, findet über Wikipedia Folgendes heraus: Prezi ist ein plattformunabhängiges, cloud-abhängiges Präsentationsprogramm. Mit der Software kann auf Basis der Flash-Technologie eine Präsentation auf einem virtuellen, unend-

lich großen Blatt Papier erstellt werden, auf dem man sich durch Maussteuerung bewegen sowie hinein- und herauszoomen kann.

Ich habe mich mit Dominik Kaiser über weitergehende Alternativen zu Powerpoint unterhalten. „Man sollte sich in einem gelernten Rahmen bewegen. Kann man nicht einen Teil der Präsentation zum Beispiel mit dem guten alten Overhead-Projektor halten? Natürlich braucht eine Agentur ein qualitativ hochwertiges Gerät. Sicherlich sollte man auch nicht die gesamte Präsentation so vortragen; sonst wird es leicht zu ‚oldschool'. Und man muss die Art der Präsentation in eine sinnvolle Geschichte kleiden. Aber seien Sie versichert: Bedenkt man die genannten Hinweise in der Vorbereitung, punktet man beim Kunden. An diese Agentur erinnert man sich. Natürlich kann auch das gute alte Flipchart zum Einsatz kommen. Was genutzt wird, kommt auf das Zielunternehmen und die Botschaft an. Powerpoint ist nicht per se schlecht, aber sich über alternative Formen abzugrenzen, kann viel Sinn machen."

Johannes Schmalenstroer findet die Frage spannend, warum so gut wie alle Agenturen mit Powerpoint präsentieren. Auch seiner Meinung nach können Agenturen punkten, wenn sie andere Wege gehen. „Einen Teil der Präsentation mit einem Overhead-Projektor zu zeigen, kann Eindruck hinterlassen. Hier wäre mehr Mut gut. Natürlich kann man nicht einfach blind ein Format wie ein Flipchart einsetzen. Der Einsatz muss zur Präsentation und zu den Räumlichkeiten passen. Ein Flipchart wird bei einer großen Präsentationsrunde nicht funktionieren, da die Darstellung zu klein ausfällt. Auch bei der ersten Vorstandspräsentation mit einem Overhead-Projektor aufzulaufen, ist mehr als mutig."

Björn Simon wirft einen differenzierten Blick auf die Frage, vom üblichen Präsentationsformat abzuweichen. „Viele potenzielle Kunden haben eine klare Vorstellung davon, wie die Präsentation für eine Projekt oder Pitch ablaufen soll. Für eine Agentur, die andere Wege geht, kann das schwierig sein, weil formale Erwartungen nicht erfüllt werden. Grundsätzlich finde ich die Idee aber gut, den üblichen Rahmen zu verlassen und Akzente zu setzen: Wir hatten zum Beispiel einen Workshop mit einer Innovationsagentur. In der Mittagspause hatte die Agentur ein Espressomobil vor dem Haus organisiert und uns eingeladen. Nur

über diese überraschende Idee wurde klar, dass sich die Menschen um uns kümmern. Eine neue Idee für einen TV-Spot, könnte zum Beispiel auch einmal in einem Kino präsentiert werden. - So begeistert man Kunden!"

Der Blick über den Tellerrand

Robb High, Robb High Consultant

The mistake: actually presenting agency credentials in an agency credentials presentation.

Clients think they're supposed to ask agencies to "present their credentials." The reality is that clients only do an agency review about 13 times over their entire career and don't have much experience in conducting them. What they really want to do is to talk about their business.

So, do a turnabout. Instead of launching into your credentials, say, "before we start, we just have a couple of questions." What they don't know is that you've developed . . . and distributed among your team . . . and memorized . . . 20+ great questions . . . that you proceed to ask one after the other, after the other, after the other. All the while you build on their responses and briefly sprinkle references to your expertise in the form of occasional leading questions. And if, when the time is up and you say "thanks," and they say "but you didn't talk about your agency?" you respond, "the most important thing about our agency is the team of people we have ... which you just experienced for the past hour."

Jetzt werden vielleicht einigen Lesern Bedenken kommen: „Ob das mit dem Overhead-Projektor wirklich eine gute Idee ist? Schrecke ich damit nicht vielleicht ab? Dann wäre ich schnell ganz aus dem Spiel …" Ja, das kann passieren. Aber ist das dramatisch? Natürlich sollte man es mit dem Wagemut nicht übertreiben und in einem bekanntermaßen konservativen Unternehmen wird man klugerweise keinesfalls mit einem Overhead-Projektor präsentieren. Bei Unternehmen, die mehr Offenheit haben, verbessert man aber seine Möglichkeiten. „Der Punkt ist, dass sich die meisten Gesprächspartner gut und lange an Sie erinnern werden. Da Agenturen aber nicht alle Kontakte nachverfolgen können, ist es unproblematisch, wenn man bei wenigen unangenehm auffällt. Bei dem größeren Rest haben Sie dafür umso mehr gepunktet und kommen Ihrem Ziel eines Auftrages oder der Einladung zu einem Pitch näher", so Dominik Kaiser.

Gute Ratschläge, wie Sie als Agentur...

... Ihren Pitch versemmeln

- *Fragen Sie keinesfalls nach einem Honorar, das könnte gegen Sie verwendet werden.*
- *Fragen Sie nicht nach den Wettbewerbern.*
- *Hinterfragen Sie keine Briefings, das kann einen schlechten Eindruck machen.*
- *Auch wenn Sie den Eindruck haben, nicht mit dem richtigen Entscheider zu sprechen, hinterfragen Sie nichts.*
- *Geben Sie sich mit dem Feedback zufrieden, das Sie bekommen. Man sieht sich ja immer zweimal.*

Karola Heise, Agentur-Coach

Nicht nur verkaufen, auch weiterverkaufen

Eine Situation, in der Auftraggeber und Entscheider nicht ein- und dieselbe Person sind, kann man häufig als Agentur nicht vermeiden. Gleichwohl ist es aber möglich, die Unterlagen so zu gestalten, dass der Ansprechpartner es leichter hat, intern gut weiterzuverkaufen. Häufig müssen nach einem Pitch kurze Zusammenfassungen durch das Team auf Unternehmensseite erstellt werden, die dann dem Entscheider präsentiert werden.

2.2.2.4. Der Dialog: Watte in den Ohren verliert

Vor einiger Zeit habe ich einen Agentur-Geschäftsführer bei einer Präsentation begleitet, bei der der Kollege meinte, die Zeit mit dem potenziellen Neukunden gehöre ihm. Deswegen wollte er in dieser Stunde über sich und die Agentur erzählen. Natürlich ist Neukundengeschäft aber heute Reden und Zuhören. Für einen Marketingleiter eines führenden Finanzdienstleisters mit Sitz in Frankfurt ist gerade das Zuhören äußerst wichtig. Er erklärt: „Ich habe dann ein Problem, wenn ich der Agentur sage, dass wir keine neuen Adressen von potenziellen Neukunden via Mailings generieren wollen. Vielmehr müssen unsere Vertriebspartner Adressen erhalten. Ich kann es gut verstehen, dass eine Agentur diesen Sachverhalt nicht unbedingt kennt. Aber wenn wir intensiv darüber gesprochen haben, finde ich es schwierig, wenn die Agentur mir dann nochmals solche Ansätze vorschlägt. Zuhören geht aber noch weiter: Bei einer Agenturpräsentation erwarte ich keinen Standard. So mache ich es gegenüber meinen Kunden auch. Auch während der Präsentation sollte man variieren können. Nämlich dann, wenn dies aus den Reaktionen des Ansprechpartners deutlich wird. Man kann auch nachfragen, welche Inhalte interessant sind. So entsteht ein Dialog und die Agentur erhält noch weitere Informationen, wenn bestimmte

Cases intensiver angesprochen werden. Eine gute unterscheidet sich von einer schlechten Präsentation aus meiner Sicht genau darin: Man individualisiert den Termin. Man zeigt zum Beispiel drei Cases aus dem Finanzbereich und noch zwei weitere Arbeiten, auf die die Agentur zu Recht stolz ist. Im besten Fall sind noch einige weitere Folien ‚im Köcher', die bei Bedarf zum Einsatz kommen. Die Präsentation darf kein Monolog, sondern muss ein Dialog sein. Zudem sollten die Charts über die Agentur nicht zu ausführlich sein. Hier reichen nach meiner Ansicht vier, fünf Folien. Bei 20 Charts ist das Einschlaf-Risiko zu groß."

Der Blick über den Tellerrand

Karola Heise, Agentur-Coach
Körpersprache

Achten Sie auf die Körpersprache Ihrer Zuhörer! Spätestens, wenn diese anfangen, auf ihrem Handy herumzutippen, haben Sie sie verloren.

2.2.3. Nach dem Termin: Nicht aus den Augen und dem Sinn

Nun hat man sich also persönlich kennengelernt und idealerweise noch einen guten Eindruck hinterlassen; menschlich hat es also auch gepasst. Wie geht es nun aber weiter? In den allermeisten Fällen wird das Unternehmen keine akute Aufgabe zu lösen haben. Man muss sich also dann überlegen, wie man in Kontakt bleibt, um zum richtigen Zeitpunkt präsent zu sein. Dann wird auch die Frage akut, wie man ein Angebot erstellt, das angenommen wird. Über diese beiden Aspekte soll im folgenden Kapitel berichtet werden. Hieran schließt sich auch eine Betrachtung an, wie man bestehende Kunden bindet. Dies kann unter Umständen das New Business wirkungsvoll entlasten.

2.2.3.1. Dranbleiben: Terrier gewinnen

Wie bleibt man also nach einem Ersttermin in Kontakt? Dies ist sicherlich ein Spagat aus Nicht-auf-die-Nerven-Gehen und In-Erinnerung-Bleiben. Nach Ansicht des Marketingleiters eines führenden Finanzdienstleisters mit Sitz in Frankfurt melden sich Agenturen nochmals, wenn sie einen Ersttermin hatten. „Der Kontakt reißt dann aber schnell ab. Ein Jahr nach der Präsentation mel-

det sich niemand mehr." Claus Fesel macht ähnliche Erfahrungen: „Wenige Agenturen halten aus meiner Sicht den stetigen Kontakt nach dem persönlichen Treffen. Dabei kann dies günstiger sein, als bei einem ganz kalten Kunden für viel Geld zu pitchen. Andere Unternehmen verstehen es über Jahre, genau diesen Kontakt aufrechtzuerhalten." „Aus meiner Sicht", so Karen Strewe, Marketing Director bei Pfizer Consumer Healthcare in Berlin, „verschenken Agenturen Potenzial, weil sie nach dem Erstgespräch nicht ausreichend mit einem möglichen Neukunden in Kontakt bleiben. Dies ist mir

Karen Strewe
Marketing Director
Pfizer Consumer
Healthcare, Berlin

jüngst aufgefallen: Einen Dienstleister, an den ich mich erst später erinnerte, fanden wir eigentlich ziemlich gut. Aber die Agentur hat leider den Kontakt nicht gehalten. Eine solche Maßnahme muss gar nicht teuer sein und sie sollte auch nicht zu oft erfolgen. Zwei bis drei Mal pro Jahr ist ein solcher Reminder, der mich nur zum Schmunzeln bringt, vollkommen ausreichend. Das passiert zu selten."

Keine Frage: Es ist schwierig, eine kontinuierliche Kommunikation zu erreichen. Am besten geht das Nachhalten, wenn man relevanten Content liefert. Informationen sind also gefragt, die einen Mehrwert für die Entscheider haben. Da diese sich in ihrer Branche auskennen, in anderen jedoch weniger, sollten die Informationen eben aus anderen Gebieten stammen. Einem Marketingleiter, der Autos vermarktet, wird man genau darüber nichts erzählen können. Aber sicherlich gibt es Informationen aus ganz anderen Bereichen, die für ihn einen Neuigkeitswert haben. Dies funktioniert ökonomischer, wenn man die gleichen Inhalte nicht nur an einen, sondern an mehrere Ansprechpartner versenden kann.

Hartnäckigkeit zahlt sich aus

Akquise benötigt ein wenig Hartnäckigkeit und Penetranz. Wer zu zurückhaltend ist, wird nicht gehört und geht unter. Der Mittelweg aus Nicht-auf-die-Nerven-Gehen und Trotzdem-am-Ball-Bleiben ist wichtig. Blitzt man beim ersten Anlauf ab, darf man nicht aufgeben. „Ich würde für den Erstkontakt das Telefon nutzen. Aus Zeitgründen kann ich mich nicht in alle Mails vertiefen. Nur klare und verständliche Informationen werden wahrgenommen und die kann man nun mal per Telefon besser transportieren", so Boris Dolkhani, Head of Corporate Marketingleiter bei KUKA in Augsburg. Das Dranbleiben gilt, sowohl um den Ansprechpartner zu erreichen, aber auch, nachdem man Informationen verschickt hat.

2.2.3.2. Lebenszyklus: Kunden binden

In vielen Gesprächen wurde deutlich, dass sich Agenturen nach einem Etatgewinn mit großem Elan an die Arbeit machen. Nach einiger Zeit lässt der Schwung nach. Katharina Rubbert-Störmer, Marketingleiterin bei der Targobank in Düsseldorf, sieht diese Problematik: „Man muss zwischen Below- und Above-the-Line unterscheiden: Ich habe mehrfach Agenturen im erstgenannten Bereich erlebt, die nach einigen Jahren ungenauer arbeiteten. Dazu muss man wissen, dass bei uns viele, kleinteilige Jobs anfallen. Das beginnt bei einem Mailing und hört bei der POS-Ausstattung auf. Hier brauchen wir einen Partner, der genau und verlässlich ist. Nach einigen Jahren der Zusammenarbeit stellen wir fest, dass die Fehlerquote zunimmt. Obwohl wir mit der Agentur über diese Probleme sprechen, müssen wir letztendlich pitchen. Im Above-the-Line-Bereich sehen wir eine ähnliche Entwicklung: Hier geht es eher um die große Idee. Deren Qualität wird aber ebenfalls nach einiger Zeit schwächer, obwohl wir hier ein hohes Budget zur Verfügung stellen. Die besten Erfahrungen haben wir mit ver-

traglichen Konstellationen auf Projektbasis und ohne Retainer gemacht. Hier sind beide Seiten gefordert, ihr Bestes zu geben. Wir als Kunde ein präzises Briefing - die Agentur eine hohe Kreativität und Qualität." Interessant ist es, zu überlegen, worin die Ursachen für diese Veränderungen liegen. Agenturen beschreiben oft, wie wichtig lange Kundenbeziehungen für sie sind.

Katharina Rubbert-Störmer
Marketingleiterin
Targobank, Düsseldorf

Katharina Rubbert-Störmer meint dazu: „Vielleicht ist eine Bank nicht der Liebling der Agentur. Oft wechseln Mitarbeiter gerade aus der Kreation zu scheinbar attraktiveren Kunden. Auch im Below-the-Line-Bereich lassen sich die Ermüdungserscheinungen mit unserer Branche erklären: Entweder hat man es mit jungen Kollegen zu tun, für die Finanzthemen sehr abstrakt sind. Oder man bekommt einen erfahrenen Kollegen, der nicht für den Kunden brennt. Agenturen können aber nur gewinnen, wenn sie intensiv ihre bestehenden Kunden halten."

Für Fabian Seelenbrandt, Marketing Director bei Euromaster, einem Unternehmen für Auto- und Reifenservice mit 330 Filialen in ganz Deutschland, könnten sich Agenturen viele Pitches durch ein gute Bindung ersparen: „Ich habe bisher noch keine Agentur kennengelernt, die dies richtig gut gemacht hat." Aus seiner Sicht muss ein solches Programm aus den Elementen Spaß, Feedback und Reporting bestehen. „Ich werde nur dann der Partner eines Kunden werden, wenn beide Seiten Spaß an der Arbeit haben; dazu muss man sich gut kennen. Man muss Erlebnisse teilen können, bei denen man zusammen Spaß hatte. Obwohl es aus Compliance- Gründen schwierig ist, reine Spaßveranstaltungen durchzuführen, kann man Spaß und Fortbildung durchaus miteinander kombinieren. Zum Feedback: Agenturen haben den Vorteil, dass sie leichter als der Marketingleiter über den Tellerrand schauen. Wir kennen und beobachten nur den eigenen Wettbewerb. Agenturen haben hier einen breiteren Blick. Diesen sollten sie nutzen,

Fabian Seelenbrandt
Marketing Director
Euromaster,
Kaiserslautern

um dem Kunden ein ‚Bigger Picture' zu zeigen und damit einen Mehrwert zu bieten. Das Reporting-Thema wird aus meiner Sicht zu einseitig betrachtet. Als Kunde bekommt man jeden Freitag einen Status. Aber die Agentur sollte darauf bestehen, dass sie ebenfalls alle notwendigen Zahlen, zum Beispiel alle KPIs, regelmäßig erhält. Als Agentur würde ich mich als verlängerten Arm des Marketingleiters verstehen. Ihm muss ich helfen und deswegen muss ich die Entwicklung kennen, um Verbesserungen vorschlagen zu können. Die Agentur sollte das Business des Kunden im Detail verstehen. Dazu tut es gut, mal an die Basis zu gehen. Agenturen könnten bei uns jederzeit einen Tag in einer unserer Werkstätten verbringen. Nicht umsonst lassen einige Unternehmen ihre Marke-

---

Der Blick über den Tellerrand

Karola Heise, Agentur-Coach
Kundenbindung

Manche Firmen erlauben ihren Mitarbeitern zwar nicht, ein bis zwei Wochen in einer Agentur zu arbeiten, aber die ‚Kundenbindung' wird gestärkt, wenn die Agentur in regelmäßigen Abständen Vorträge oder Workshops zu aktuellen Themen anbietet. Dabei werden alle Mitarbeiter des Marketing-Teams eingeladen. Auch eine Schulungsveranstaltung für alle Junioren des Kunden hilft hier.

2.2.3.3. Angebote: Überzeugende KVs schreiben

Nun droht der Neukunde doch tatsächlich mit einem Auftrag. Die Frage, wie man heute ein Angebot schreibt, mit dem man die Chancen auf einen Auftrag maximiert, ist nicht leicht zu beantworten. Dies beginnt bei der Überlegung, wie transparent die unterschiedlichen Teile des Kostenvoranschlags (KV) dargestellt werden müssen. Agenturen müssen hier sicherlich viel offener agieren, als dies

Stefan Hein
Marketingleiter
Musterring International,
Rheda-Wiedenbrück

noch vor einigen Jahren der Fall war. Daneben sind die Kosten generell über den Einfluss des Einkaufs und des starken Wettbewerbs unter Druck geraten. Eine allgemeingültige und eindeutige Antwort auf diese Herausforderung gibt es nicht. Dazu sind die Branchen, die Unternehmen, aber auch die Entscheider aus Marketern, Einkäufern und noch einigen mehr zu unterschiedlich.

Vor einigen Jahren war der Aspekt der Transparenz eher unbedeutend. Nach einem gewonnenen Auftrag kamen entweder weitere Jobs hinzu oder man konnte bestehende Aufgaben mit höheren Beträgen abrechnen, weil ungeplante Agenturleistungen hinzukamen. Mit dem Einkauf als „Verhandlungspartner" ist heute ein solches Vorgehen schwieriger geworden. Das Procurement und das Controlling, aber auch immer mehr Marketer haben ein Problem mit Intransparenz und Nachbesserungen. Agenturen müssen heute außerdem rechtzeitig „Nach-KVs" stellen, wenn der Kostenrahmen nicht ausreicht. Auch die Vorgehensweise, einen geringen Stundensatz anzugeben und dies durch eine höhere Anzahl der abzurechnenden Zeiten auszugleichen, führt häufig zu schlechter Stimmung. Kunden haben ein gutes Gespür dafür, wie lange die Mitarbeiter für eine bestimmte Leistung benötigen. „Spricht man über Kosten, wenn man mit einer Agentur zusammenarbeitet, so hat dies viel mit Gefühl und Wellenschlag zu tun", sagt Godo Röben, Marketer bei der Rügenwalder Mühle in Bad Zwischenahn. „Man kann hier nicht jede einzelne Minute abrechnen, und ich kann das nur zu einem gewissen Grad überprüfen. Eine Agentur kann meist belegen, für welches Projekt die einzelnen Mitarbeiter wie lange gearbeitet haben. Ich kann dies zwar anzweifeln, aber damit kommt man zu keiner sinnvollen Lösung. Viel sinnvoller ist es, sich das Arbeitsvolumen über einige Monate anzuschauen. Dann wird man entweder der Agentur etwas mehr zahlen müssen oder der vereinbarte Betrag wird gemindert."

Kommen wir auf das Thema Transparenz zurück. Für Stefan Hein, bei Musterring International in Rheda-Wiedenbrück für das Marketing und die Kommunikation verantwortlich, ist Transparenz wichtig: „Natürlich kann man nicht alle Leistun-

gen im Detail auflisten, aber Pauschalen haben grundsätzlich ihre Grenzen. Sie haben immer ein ‚Geschmäckle‘, da man nie genau weiß, wie viel die Agentur daran verdient und wie hoch das Einsparungspotenzial ist. Ich möchte gerne eine Idee davon haben, was die Agentur verdient. Im Print-Bereich ist so etwas weniger dramatisch, da die Projekte weniger komplex sind und dazu auch häufig durchgeführt werden. Wir haben im Haus außerdem eine ausgesprochene Expertin für die Produktion; mit ihrer Hilfe kann man aufgrund der detaillierten Angaben der Agentur eine gute Transparenz erzielen. Bei aufwendigen und nicht häufig durchgeführten Projekten, die Produktion eines TV-Spots gehört dazu, sind Pauschalen aber problematisch. Hier kann man nicht von heute auf morgen zu einem Experten in einem speziellen Bereich werden. Deswegen muss man sich darauf verlassen, dass die Kosten fair sind und dass die Agentur nicht unangemessen an der Arbeit von Drittanbietern verdient. Gerade großen Pauschalen wird deswegen mit einem gewissen Misstrauen begegnet. Oft haben wir aber weder die Zeit noch die Kapazitäten, um diese sinnvoll zu hinterfragen.“

Der Blick über den Tellerrand

Robb High, Robb High Consultant
The mistake: believing that price matters

Agencies often think that if they low-ball their price in a new business competition, they increase the likelihood of getting selected. What they're really doing is negotiating against themselves. Clients pick an agency because "I like them and I trust them" … not because they're cheap. So, when a client says, "you were too expensive," that's code. Check out why. Always propose what you consider a fair „retail" price so, if you win, at least you're negotiating starting from a good place.

Gert Pieplow
Chief Sales Officer
VERTIKOM, Nürnberg

Gert Pieplow, Chief Sales Officer von VERTIKOM, ist überrascht, dass Pauschalen allgemein auf so wenig Akzeptanz stoßen. „Ich kann eine solche Einschätzung nur bedingt verstehen. Pauschalen haben für beide Seiten viele Vorteile und eine monetäre Verbindlichkeit, denn sie geben sowohl dem Kunden als auch der Agentur vor, was in Rechnung gestellt wird. Mein Eindruck ist, dass der Einkauf nicht unbedingt mit dem Marketing in der Tiefe vertraut ist und sich deswegen auch mit Pauschalen schwer tut. Man glaubt, über eine andere Struktur Kosten einsparen zu können."

Maximilian Wolde, Geschäftsführer der Kölner Agentur HTW/O Sales, findet, dass noch zu stark mit intransparenten Angeboten gearbeitet wird. „Agenturen bauen immer noch Puffer ein, ohne dass man dies dem Kunden gegenüber kommuniziert oder es nachvollziehbar ist. Da wird mal eine Stunde mehr kalkuliert, zur Sicherheit. Oder Agenturen legen nicht offen, was sie wo in welcher Höhe bei einem Projekt verdienen. Zwischen Handel und Markenartikler finden Sie aber ein ganz anderes Maß an Transparenz. Dort weiß der Handel genau, was der Markenartikler verdient und welche Marge er hat. Erhöhen Agenturen ihre Transparenz, bauen sie zusätzliches Vertrauen auf. Dies gilt auch, wenn man an einem Job weniger verdient hat. Im Gegenzug erhöht sich die Chance auf eine langfristige Zusammenarbeit.

Auch Einkäufer haben meist kein Problem damit, dies beim nächsten Mal auszugleichen. Die Geheimniskrämerei vieler Agenturen halte ich nicht für zeitgemäß. Einer unserer Kunden empfand zum Beispiel die Gesamtkosten für ein Projekt zunächst als zu hoch. Nachdem klar war, was wir daran verdienen, war dieses Thema erledigt."

Maximilian Wolde
Geschäftsführer
HTW/O Sales, Köln

Gert Pieplow sieht dies ähnlich: „Mit dem Jahr 2010 begann es, dass Kunden wissen wollten, was wir an

Alexander Herweg
Geschäftsführer
department one, Berlin

Projekten verdienen. Diese Entwicklung hat sich verstärkt und im POS-Bereich ist dieser Zustand mittlerweile weit verbreitet. Ich persönlich habe mit einer solchen Offenlegung kein Problem. Kunden müssen nur akzeptieren, dass man als Agentur einen Gewinn erwirtschaften muss, was normalerweise auch nicht infrage gestellt wird. Nur Mitarbeiter, die stärker operativ tätig sind, sehen dies anders." Alexander Herweg, Geschäftsführer der Berliner Agentur department one, sieht ebenfalls einen Trend hin zu mehr Transparenz:

„Kunden erwarten heute eine detaillierte Auflistung der einzelnen Leistungen. Dadurch gibt es kaum eine Möglichkeit, versteckte Kosten einzubauen. Diesen Gedanken finde ich nachvollziehbar. Bei großen Kunden wird teilweise sogar eine Auflistung der Manntage einzelner Mitarbeiter erwartet. Hierfür bekommen die Kunden im Vorfeld ‚Rate-Cards', auf denen diese Kosten ersichtlich sind. Schwierig finde ich es, wenn diese Tagessätze noch nachverhandelt werden. Große Kunden erhalten dann individuelle Konditionen, die häufig deutlich unter den ‚normalen Rates' liegen."

Auch jenseits der Kommunikation mit dem Kunden sollten Agenturen für interne Zwecke wissen, für welche Projekte wie viele Stunden anfallen. Schließlich muss man nachvollziehen können, ob die kalkulierten Stunden ausgeschöpft worden oder ob vielleicht sogar Mehrstunden angefallen sind. Viele Agenturen haben diese Informationen aber nicht vorliegen. Sie wollen nur wissen, ob sie insgesamt einen Gewinn erwirtschaftet haben, was ihnen der Buchhalter oder der Steuerberater sagt. Geschäftsführer mit einer solchen Denke wissen oft nicht, ob ihr CD (Creative Director) 15 oder 30 Stunden an einem Projekt gearbeitet hat. Welche Kunden man quer subventioniert, weiß man ebenfalls nicht. Dabei ist es per se kein Problem, mit einem Kunden Geld zu verlieren. Es geht gar nicht in erster Linie darum, die Mitarbeiter zu kontrollieren. Vielmehr kann eine Zeiterfassung helfen, neue Projekte besser zu kalkulieren. Weiß man, wie lange man für ein vergleichbares Projekt in der Vergangenheit gebraucht hat, so kann man besser passende Angebote schreiben. Viele Agenturkräfte arbeiten so lange, weil die Projektzeiten immer wieder unterschätzt werden.

Charles G. Meyst, Chairman & CEO AgencyFinder.com

Agencies by different descriptions

Clients are looking for agencies to solve their marketing and sales problems. In some respects if they know enough to search for them as „digital" agencies, or „creative," there's already a potential problem. That often suggests the client has some idea how they want to tackle their problem, so the agency starts at a disadvantage. They may have to „un-sell" the client before guiding them into a better direction. Our clients seldom ask for agencies by „type" but rather say, as I have suggested, we need an agency to help us increase sales!

Ebenfalls zeitnah sollten Fremdkosten erfasst und in Rechnung gestellt werden. Jeder nicht weiter berechnete Fremdkosten-Euro muss mit einem vielfachen Umsatz ausgeglichen werden. Einige gehen hier vom Acht- bis Zwölffachen aus. Nicht ganz einfach zu beurteilen sind Gratifikationsmodelle, die der Agentur einen Pauschalbetrag zusagen und zusätzlich einen Bonus in Aussicht stellen, wenn das Projekt einen vorher definierten Erfolg erzielt hat. Hier müssen klare und erkennbare Kriterien festgelegt werden, mit denen man den Erfolg und damit den Bonus bemisst. Diese – in der Praxis hat es sich bewährt, zwischen drei und fünf Kriterien zu vereinbaren – müssen durch die Arbeit der Agentur beeinflusst werden. Der Fixbetrag muss dabei mindestens alle Kosten decken und der maximal erreichbare Betrag inklusive Bonus muss größer sein als der konventionelle Gewinn.

Mit Florian Hamsch, Marketingleiter beim Kölner Versicherungsunternehmen EUROPA, führte ich eine spannende Diskussion zur Frage der Stundensätze von Agenturen. Seine Position ist: „Für die Agenturen war es ein Schuss in den Ofen, Stundensätze einzuführen. An Stunden kann ich immer kürzen, an Leistung aber nicht. Agenturen sollten besser einen fixen Betrag nennen. Mich

als Auftraggeber interessiert nicht, wie lange eine Agentur für eine Leistung braucht. Das Ergebnis muss sich für mich lohnen und das ist mir einen bestimmten Betrag wert. Der Aufwand ist für mich sekundär. Vergleichen Sie es mit einem Restaurantbesuch: Dort zahle ich für ein leckeres Gericht und nicht für die Stunden des Kochs. Dort interessiert mich die Kostenstruktur nicht. Ich kaufe keine Stunde Art Director, sondern dessen Leistung." Diese Meinung teilt auch ein Marketingverantwortlicher eines Käseherstellers: „Als Kunde bin ich an einer Leistung interessiert. Das heißt, ich stelle als Agentur diese Leistung in den Mittelpunkt. Viele Agenturen machen dies aber nicht ausreichend. Sie fokussieren sich zu stark auf die Aufstellung der Kosten für den Kunden und nicht darauf, was der davon hat."

Ein Blick soll noch auf die Kosten gelegt werden, die der Kunde nicht direkt in Geld an die Agentur bezahlt, sondern durch Mehrarbeit bzw. Zeit entrichten muss. Dies meint zum Beispiel die Zeit für Briefings und dergleichen. Agenturen stehen vor der Herausforderung, dass sie, um den Auftrag zu bekommen, den Kunden nicht durch den zeitlichen Mehraufwand abschrecken dürfen. Beim Gespräch mit Bernd Dippold, beim Kelkheimer Unternehmen ALTHEN für das Marketing und die Kommunikation verantwortlich, wurde dieser Aspekt deutlich: „Einige Agenturen reden diese Mehrarbeit klein. Das ist schwierig, da man so nicht die besten Ergebnisse erhält. Agenturen sollten realistische Erwartungen wecken und kommunizieren, welche Informationen sie benötigen. Ein Dienstleister sagte mir zum Suchmaschinen-Marketing, dass ich nichts vorab leisten müsse. Ich bräuchte keine Keywords vorzuschlagen. Das hat letztlich nicht funktioniert, weil ich Keywords bekam, die keinen Nutzen brachten. Viele Agenturen müssen hier eindeutiger sein."

2.2.3.4. Kleine Agenturen: Dem Druck standhalten

Bei Gesprächen mit Mitarbeitern unterschiedlicher Agenturen fällt auf, dass sich die Probleme von größeren und kleineren Dienstleistern unterscheiden. Kleineren Kunden mit weniger umfangreichen Projekten, die man tendenziell stärker bei kleineren Agenturen findet, ist die Akzeptanz und die Wirkung von

Kommunikation viel schwerer zu vermitteln. Hier müssen sich die Anbieter mit nicht nachvollziehbaren Forderungen auseinandersetzen. Beispielhaft seien die folgenden anonymisierten Zitate genannt, die aus dem vierteljährlich von mir erhobenen New-Business-Barometer stammen:

- *Kunden bitten für einen 1.000-Euro-Auftrag 15 (!) Agenturen um ein Angebot. Die Anfragen kommen per Mail und ohne Briefing.*

- *Mittlerweile wird die „Schattenwirtschaft" der Branche in Angebote und Pitches mit einbezogen (vermutlich, um so etwas wie einen gesunden Marktpreis endgültig zu vernichten), zum Beispiel Ein-Mann-Agenturen, die im Nebenerwerb (!) betrieben werden.*

- *Und was wir ja eh' alle wissen, aber nicht so richtig wahrhaben wollen: Altgeschäft bricht immer schneller weg ... Fusionen, wechselnde Marketingleiter, Etatumverteilungen, Auftragsvergabe von Projekt zu Projekt.*

- *Ich hätte hier gerne positiver geurteilt, aber da ich das Geschäft in den letzten Monaten als Gründer verfolgt habe, bleibt mir kein anderes als ein negatives Urteil. Die Krönung war ein Projekt, in dem drei Agenturen bis über alle Schmerzgrenzen hinaus inhaltlich, finanziell und physisch gejagt wurden – um dann am Ende herauszufinden, dass das Projekt nie budgetiert war und vom Shareholder als vollkommen irrelevant erachtet wurde. Der Marketingleiter wollte sich damit nur wichtig machen. Unsäglich.*

Für solche Probleme gibt es keine standardisierten Lösungen. Die heute im Vergleich zu früher höhere Macht des Einkaufs wurde schon angesprochen. Die Kundentreue dagegen hat abgenommen, was man auch bei Endverbrauchern gegenüber Marken beobachten kann. Die Frage sei erlaubt, ob sich Agenturen auf diese neuen Bedingungen und Technologien eingestellt haben? Viele Agenturen, davon viele kleinere, melken „ihre" Kühe bis zum letzten Tropfen und sorgen sich indessen nicht um neue Cashcows. Bisherige Businessmodelle funktionieren nicht ausreichend und als Reaktionen darauf denkt man nur vol-

Christoph Giloy
Marketingleiter
SAHM,
Höhr-Grenzhausen

ler Wehmut an vergangene Zeiten. Doch gerade kleinere Agenturen sollten mit ihrer Arbeit kritischer umgehen. Dasselbe gilt für Positionierungsfragen: Welchen Beitrag hat man außerdem dem Kunden geliefert und wie kann man dies nachvollziehbar machen? Auffallend ist, dass kleinere Agenturen häufig am Altbewährten festhalten und kaum bereit sind, externe Hilfe in Anspruch zu nehmen. Gerade die kleineren Agenturen scheinen nach der Meinung einiger Marketingleiter einen Nachholbedarf zu haben, wenn es um das Wissen, um Kosten und deren Strukturen geht. Die größeren können genau sagen, in welchen Benchmarks sie sich bewegen. Diese Unternehmen haben genaue Vorstellungen, wie hoch welche Kosten sein dürfen. Bei den kleineren trifft dies nicht immer zu. Auch Christoph Giloy, Marketingleiter bei SAHM, einem der führenden Anbieter von Gläsern für die Getränkeindustrie, rät Agenturen, sich stärker bewusst zu sein, in welcher Benchmark sie sich bewegen: „Wenn ich ein Angebot bekomme, was deutlich unter dem Durchschnitt liegt, hinterfrage ich die versprochene Qualität. Deswegen ist das allergünstigste Angebot nicht das beste. Das Preis-Leistungsverhältnis muss ganz einfach stimmen. Erstaunt bin ich immer, wie wenig gerade kleinere Agenturen über die Kostenstruktur von anderen Wettbewerbern wissen."

Beim Gespräch mit Bernd Dippold wurde nochmals klar, wie hoch der Wettbewerb gerade bei kleineren Agenturen ist. „Unser Mutterhaus in den Niederlanden arbeitet mit einem Kommunikationsdienstleister zusammen, der pro Stunde 50 Euro kostet. Da Agenturen bei uns teurer sind, muss ich diese Mehrkosten begründen können. Natürlich gibt es Einzelkämpfer, die man für 35 Euro pro Stunde engagiert. Deswegen arbeite ich sowohl mit einer Agentur als mit Freelancern. Über diese Kombination erhalte ich sowohl Sicherheit als auch kostengünstige Preise." Zu dem Thema, wie mittelständische und kleine Unternehmen mit Kosten umgehen, äußert sich auch Christoph Giloy: „Unternehmen mit einer Größe, in der sie keinen eigenen Marketingmitarbeiter Vollzeit beschäftigen können, stehen oft vor dem Dilemma, dass sie nicht die Zeit und das Know-how im Kommunikationsbereich haben. Die Budgets, um projektbezogen Unterstüt-

zung in Anspruch zu nehmen, haben sie grundsätzlich.
Genau an dieser Stelle kann man argumentieren: Wenn
sie günstige Lösungen kaufen, sparen sie zwar Geld,
aber müssen dies durch eigene Zeit ausgleichen, die
sie aber nicht haben. Wenn die kleineren Unternehmen
aber über Outsourcing der kompletten Projektabwick-
lung Zeit sparen, kann man sie vielfach überzeugen."
Alexander Herweg sieht ebenfalls einen gestiegenen
Kostendruck: „Wir sehen das Problem, dass unsere
Fixkosten ständig steigen. Die Tagessätze werden aber
von den Kunden mit Hinweis auf ‚günstigere Wettbe-

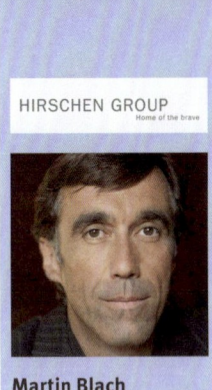

Martin Blach
Geschäftsführer
Hirschen Group,
Hamburg

werber' permanent gesenkt. Dadurch werden die Projekte von Jahr zu Jahr un-
wirtschaftlicher."

2.2.3.5. Der Einkauf: Die bösen Buben überzeugen

Als der Einkauf vor einigen Jahren darüber mitzuentscheiden begann, welche
Agentur ein Unternehmen engagiert, war dies etwas Neues. Während es in anderen Branchen immer eine Zweiteilung in einen fachlichen und einen kaufmän-
nischen Bereich gab, hat diese Veränderung im Marketing erst spät stattgefunden. Mittlerweile wird die Beschaffung von Dienstleistern aus den Bereichen
Recht und Steuerberatung stärker vom Einkauf mitbegleitet. Als das Procurement in diesen Prozess bei den Marketingleistungen eingestiegen ist, hat sich
dieser stark auf eine Kostenreduktion konzentriert. Hier haben sich die Schwer-
punkte ein wenig verschoben.

Berthold Figgen, ehemaliger Marketingleiter bei Procter & Gamble, sieht die positiven Aspekte des Einkaufs: „Wenn ich in einem Unternehmen anfangen würde, in dem es noch keinen Marketingeinkauf gibt, so würde ich diesen schnellst-
möglich einführen. Das Ausschöpfen des Kosteneinsparungspotenzials ist ein
wichtiges Ziel. Der Einkauf kann aber ganz viele Dinge, die ein Marketingmensch
nicht so gut beherrscht. Marketer sind nicht gut darin, Agenturleistungen zu
messen und zu entwickeln. Das kann der Einkauf viel besser und sollte das Mar-

Horst Wagner
CEO/CFO
Pixelpark, Hamburg

keting diesbezüglich ‚challengen'. Wichtig ist es nur, dass man eine gleichberechtigte Partnerschaft erreicht. Der Einkauf darf das Marketing nicht dominieren; dies gilt auch umgekehrt."

Martin Blach, CEO der Hirschen Group in Hamburg, problematisiert genau diese Machtgleichheit zwischen Einkauf und Marketing: „Ich halte es für schwierig, wenn der Einkauf der Marketingabteilung vorschreibt, mit wem sie arbeiten darf. Das sollte das Marketing entscheiden. Ich kann verstehen, dass der Einkauf dann die Kosten verhandelt. Es gibt aber Fälle, in denen der Einkauf Dinge von der Agentur wissen will, die ihn einfach nichts angehen. Beispielsweise Einkäufer, die ernsthaft wissen wollen, wie hoch unser Gewinn ist. Oder noch schlimmer: die Namen des Teams und deren Gehälter wissen möchten. Aus meiner Sicht hört hier der Spaß auf, weil das den Einkauf nichts angeht." Horst Wagner, Verantwortlich für Publicis Germany und Pixelpark, sagt dazu: „Qualität sollte endlich wieder wie Qualität bezahlt werden. Mit dem Briefing werden Aufwände mit entsprechenden Konditionen vereinbart. Im Laufe der Bearbeitung werden die Aufwände und Erwartungen häufig gesteigert, ohne die Konditionen nachzubessern. Um die Qualität des Outputs nicht zu gefährden, finanzieren die Agenturen diese Mehraufwände dann selbst. Langfristig gefährdet diese Vorgehensweise die Existenz der Agenturen." Auch Claus Fesel stimmt dem zu: „Bei uns laufen die Preisverhandlungen unter Einbeziehung des Einkaufs. Die Agenturen müssen vorher für die entsprechenden Arbeiten die Preise abgeben und an diese sind sie auch gebunden. Bei der jetzigen Agentur habe ich mich unter Ermahnung des Einkaufs für die teurere Agentur entschieden, weil eine Beurteilung der Kosten nur über die Preisliste aus meiner Sicht schwierig ist. Es gibt viele Parameter, die sich ändern können und die Einfluss auf die Kosten haben; die kann man aber nicht in einer Preisliste abbilden."

Roland Bös, Geschäftsführer von Scholz & Friends in Hamburg, sieht einen Trend zur Trennung der qualitativen und der quantitativen Bewertung einer Agentur-Kunden-Beziehung. „Die qualitative Bewertung erfolgt durch das Marketing, die

Roland Bös
Geschäftsführer
Scholz & Friends,
Hamburg

quantitative durch den Einkauf. Je stärker die Trennung zwischen diesen beiden Entscheidern auf Kundenseite ist, desto mehr Konfliktpotenzial besteht für die Vertragsgestaltung und Findung eines geeigneten Vergütungsmodells. Im schlimmsten Fall begrenzt der Einkauf seine Bewertung unterschiedlicher Angebote von Agenturen auf Stundensätze und Stundenumfänge. In diesem Moment ist für den Einkauf eine von uns erstellte, eventuell deutlich höherwertige Anzeige genau so viel wert wie die eines Wettbewerbers, der seine Leistung günstiger, aber qualitativ schlechter anbietet."

Diese gesamte Entwicklung kann dazu führen, dass nicht nur weniger bezahlt wird. Auch die grundsätzliche Wertschöpfung von Kommunikation kann sich generell zum Negativen verändern. Dies sieht auch Knut Maierhofer, Geschäftsführer von KMS TEAM in München. Er sagt: „Wenn Fachabteilungen erfahren sind, verstehen sie die Prozesse einer Agentur. Die Entwicklung der letzten Jahre ist leider, dass der Einkauf immer mehr Einfluss gewinnt, und dessen Auftrag ist es nicht, die Agentur zu verstehen, sondern die Honorare zu reduzieren. Zum Teil wird der Aufwand der Agentur für einen Pitch unterschätzt. Das führt insgesamt dazu, dass die Kreativleistung finanziell entwertet wird – teilweise werden sogar die Honorare der Entwicklung mit denen einer reinen Umsetzungsagentur verglichen."

Knut Maierhofer
Geschäftsführer
KMS TEAM, München

2.3. Pitch: Charakter zeigen

Der Pitch ist sicherlich das am häufigsten angewendete Verfahren, um eine Agentur auszuwählen. Darüber, was bessere Alternativen sein könnten und über die Meinung von Unternehmen zum Thema, ist im dritten Kapitel des Buches mehr zu lesen. An dieser Stelle soll die Sicht der Agenturen im Mittelpunkt stehen. Was sollen sie bei einer Einladung zum Pitchen beachten?

2.3.1. Pitchteilnahme: Eine Frage der Einstellung

Neben der Beobachtung, dass der Pitch als Auswahlinstrument immer beliebter wird, gibt es noch eine zweite erkennbare Tendenz: Die zu pitchenden Projekte werden kleiner. Waren es früher ganze Etats, so wird nun um kleine Projekte wie Broschüren gepicht. Aus diesen beiden Beobachtungen ergibt sich, dass man heute häufiger und um kleinere Budgets pitcht. War man vor zehn oder fünfzehn

Heike Lorenz
Director Business
Development
Jung von Matt, Hamburg

Jahren noch froh, in einen Pitch zu kommen, so muss man heute darauf achten, bei den richtigen Pitches dabei zu sein. Daher kann man Agenturen nur raten, sich mit dem Unternehmen und der Aufgabe zu beschäftigen. Was die finale Entscheidung über eine Teilnahme angeht, so sollte diese von mehreren Kriterien abhängig sein. Die Frage nach dem Honorar kann nur eine davon sein, denn in jedem Fall erreicht man mit einem Pitchentgelt nur eine Teilkostendeckung. Wird ein solches nicht angeboten, muss unbedingt danach gefragt werden. Erstaunlich wenige Agenturen tun dies konsequent. Letztlich aber entscheidet immer die jeweilige Situation darüber, ob ich ein Pitchhonorar als unabdingbare Voraussetzung betrachte. Nicht verständlich ist mir in diesem Zusammenhang die mantrahafte Behauptung, dass man generell nur mit einem Pitchhonorar antritt. Es ist richtig, dass man eine solche Situation anstrebt, aber es kann Konstellationen geben, in denen auch ein Pitchen ohne Honorar sinnvoll ist, beispielsweise wenn man freie Kapazitäten hat und ein attraktiver, potenzieller Kunde anfragt.

Treten bei einem Pitch allerdings mehr als fünf Agenturen an, ist eine Teilnahme wenig sinnvoll. Die Frage nach der Zahl der Mitbewerber muss von dem potenziellen Kunden beantwortet werden. Nur so lassen sich die Gewinnchancen ausrechnen. Weiterhin sollte man nach den Namen der anderen Pitchteilnehmer fragen, auch wenn man in der Praxis hierzu sicherlich nicht immer eine Auskunft bekommen wird. In keiner Weise ist es akzeptabel, dass eine Agentur das Copyright an der Arbeit direkt mit der Geheimhaltungsvereinbarung abgeben muss. Heike Lorenz, Director Business Development bei Jung von Matt in Hamburg, vertritt eine eindeutige Position: „Man kann über viele Dinge sprechen und vieles verhandeln, aber die Copyrights beim Pitch abzugeben, macht keinen Sinn. Das ist schließlich das Asset einer jeden Agentur."

Der Blick über den Tellerrand

Karola Heise, Agentur-Coach, empfiehlt Agenturen, bei einer Pitcheinladung auf die Briefingqualität zu achten:

- *Gibt es eine Marketing-/Kommunikationsstrategie?*
- *Kennt der Kunde die relevanten Consumer Insights bzw. Benefits seiner Produkte?*
- *Kann er die Situation in einem Briefing vollständig beschreiben?*
- *Sucht der Kunde einen dauerhaften Partner? Oder nur eine Idee?*
- *Kann die Agenturentscheidung objektiv getroffen werden?*

Wenn Sie eine dieser Fragen mit nein beantworten, sollten Sie sich gut überlegen, ob Sie an dem Pitch teilnehmen wollen.

Wichtig ist auch die Frage, ob sich im Verlauf des Pitchprozesses die Ansprechpartner und damit möglicherweise die Bewertungskriterien ändern. Wenn dieser Fall eintritt, sollten Sie viel Zeit und Energie aufwenden, diese Person(en) ins Boot zu holen. Am besten ist es, wenn Sie sie VOR der Pitchpräsentation persönlich kennenlernen können. Und wenn das nicht möglich ist, suchen Sie die Unterstützung Ihres Ansprechpartners, der diese Person zumindest besser kennt als Sie selbst.

2.3.2. Pitchausstieg: Wann das sinnvoll ist

Wann man aus einem bestehenden Pitch aussteigen sollte, ist ein schwieriges Thema, schließlich hat man Zeit und Geld investiert. Gerhard Mutter, Aufsichtsratsvorsitzender der Stuttgarter Agentur DIE CREW, beschreibt dies plastisch: „Das ist genauso, wie wenn Sie in einem Rennen sind. Ihnen wird während des Wettbewerbs eine Karotte vor die Nase gehalten. Jetzt sind Sie losgelaufen und wollen wenigstens die Chance auf den Sieg haben. Wenn Sie aussteigen,

Gerhard Mutter
Aufsichtsrats-
vorsitzender
DIE CREW, Stuttgart

verspielen Sie jede Möglichkeit darauf. Also bleiben Sie bis zum letzten Moment dabei." Gerhard Mutter versucht deshalb, im Vorfeld einige Kriterien zu prüfen, bevor er entscheidet, ob die Agentur an dem Pitch teilnimmt. „Wenn bei einer öffentlichen Ausschreibung zum Beispiel im regulären Turnus gepitcht wird und die bisher betreuende Agentur ist dabei, so kann dies dafür sprechen, dass eine Entscheidung im Vorfeld bereits gefallen ist und man jetzt aus politischen Gründen pitchen muss. Ist der Turnus ein verkürzter, sieht die Sache anders aus. Dann ist es wahrscheinlicher, dass man eine gleich große Chance hat wie die Wettbewerber."

Der New Business-Tipp für Agenturen

Vom Webseitenbesuch zum Kunden

Ein Marketingleiter war auf der Suche nach Agenturen und hat dazu die Webseiten diverser Anbieter gesichtet. Während dieses Prozesses rief der Geschäftsführer einer Agentur an, deren Webseite der Marketingleiter gerade besucht hatte. Dies war kein Zufall. Der Agenturverantwortliche hatte gesehen, dass sich das Unternehmen auf der Webseite der Agentur bewegt hat. Dies nahm er zum Anlass, sich durch das Unternehmen bis zum Marketing durchzufragen. Der Weg war zwar lange und mühsam, aber die Agentur hat den Job bekommen.

Für Dr. Lars Lammers, Geschäftsleiter bei der Pahnke Markenmacherei in Hamburg, gibt es zwei wichtige Gründe, um aus einem Pitch auszusteigen: „Erstens, wenn wir das Gefühl haben, dass man sich nur neue Ideen besorgen will und nicht wirklich auf eine mögliche Zusammenarbeit zielt. Häufig geht das einher mit falschen, intransparenten Rahmenbedingungen. Zweitens, wenn wir der

Dr. Lars Lammers
Geschäftsleiter
Pahnke
Markenmacherei,
Hamburg

Meinung sind, dass die Pitchaufgabe das eigentliche Problem nicht löst, und wir nicht über die wahre Aufgabe sprechen können. Im Zweifelsfall wären wir dann für ein nicht zufriedenstellendes Ergebnis verantwortlich. Dies möchten wir nicht." Auch wenn bei vielen Agenturen im Laufe des Pitches Zweifel aufkommen, ob ein weiteres Engagement gut ist, so findet man doch ein Abbrechen der Teilnahme selten, was durchaus nachvollziehbar ist.

2.4. Auswahlkriterien: Das wollen Entscheider

Es ist für Agenturen wichtig, zu wissen, welche Aspekte die Marketingverantwortlichen für die Agenturauswahl zugrundelegen. Nur so können sie sich bei einem Pitch optimal aufstellen. Diese Aspekte werden im Folgenden aufgeführt.

2.4.1. Briefings: Vorgaben perfekt nutzen

Oft kam zur Sprache, dass Briefings von den Agenturen nicht optimal genutzt werden. Gunther Klamp, bis März 2014 verantwortlich für die Kommunikation der Marke Lexus in Köln, rät Agenturen, in einer Pitchsituation zu klären, ob man das Briefing richtig verstanden hat. „Gerade wenn man mit uns noch nicht lange zusammenarbeitet, ist dies sinnvoll. So kann man Missverständnisse ausschließen. Das muss gar nicht zwingend schriftlich sein, manchmal genügt ein Telefonat dazu. Dann kann man klären, ob der Kunde für neue, nicht gebriefte Ideen eine Offenheit hat; das schafft Sicherheit für beide Seiten."

Auch ein Marketingverantwortlicher eines Käseherstellers rät dazu, das Briefing als Dialogeinstieg zu nutzen: „Agenturen sollten das Briefing als Chance zum Dialog sehen. Stellen sie dazu keine oder keine ausreichenden Fragen, laufen sie Gefahr, das Thema zu verfehlen. Das sollte man verhindern. Nur mit ge-

Gunther Klamp
Kommunikations-
manager
Lexus, Köln

zieltem Nachfragen können sie die Essenz verstehen. Nachfrage bedeutet, die vom Kunden zu liefernden Informationen einzufordern, denn daran muss man sich ja selber halten. Schließlich ist das die Grundlage für einen guten Job. Diese Informationen muss man sich im Zweifelsfall holen und darf nicht auf sie warten. Man bringt in Erfahrung, welche Leistungen ein Muss und welche ‚nice to have' sind. So kann man ein Angebot erstellen, das die Pflicht von der Kür trennt."

Ähnlich sieht Peter Kuhn, Marketingleiter der Sparda-Bank in Frankfurt, die Rolle des Briefings: als Aufforderung zum Dialog. „Der Auftraggeber merkt nach dem Briefing schnell, wie genau das Dokument gelesen wurde. Ein Indikator dafür sind die Rückfragen. Er kennt zum Beispiel die Schwachstellen des eigenen Briefings. Agenturen stoßen ebenfalls schnell darauf, wenn sie sich mit dem Briefing genau beschäftigen. Das gibt dem Kunden ein gutes Gefühl. Eine tiefe gedankliche Befassung kann zur Folge haben, dass man Ansätze vorschlägt, die nicht auf dem Briefing liegen. Ich persönlich würde ein solches Vorgehen gut finden; es zeichnet die Agentur aus. Bevor ich jedoch als Dienstleister diese Variante präsentiere, würde ich mit dem Kunden klären, ob er diese kreativen Freiräume einräumt."

2.4.2. Internetauftritt: Richtig sichtbar sein

Ein wichtiges Thema bei der Entscheidung für eine Agentur ist auch der Internetauftritt der Dienstleister. Auf dieser Basis treffen Kunden meist ihre ersten Entscheidungen, wen sie spannend finden und kontaktieren möchten. Aus der Sicht von Katharina Rubbert-Störmer, bei der Düsseldorfer Targobank für das Marketing verantwortlich, sind viele Agenturen-Webseiten verbesserungswürdig. Die Kritik, die zuvor schon von vielen Seiten an aufgeblähten Präsentationen geübt wurde, findet sich auch hier: „Oft wird viel Wert auf die Darstellung von Visionen, Philosophien und dergleichen gelegt. Diese Informationen mögen zwar für die Agentur wichtig sein, für einen potenziellen Kunden haben sie aber

Oliver Klein
Gründer und Inhaber
cherrypicker, Hamburg

nur einen geringen Nutzen. Was eine Agentur aber tatsächlich leisten kann und wo die entsprechende Kernkompetenz liegt, findet man dagegen auf vielen Webseiten erst nach mühsamer Suche. Auch die Frage, bei welchen Problemen mir die Agentur helfen kann, wird meist nur am Rande gestreift. Hier ist eine Reduktion ein Informationsgewinn."

Oliver Klein, Gründer und Inhaber der Agentur-Management-Beratung cherrypicker in Hamburg, führt schon seit einigen Jahren eine Bewertung der Agenturauftritte im Netz aus Kundensicht durch. Er fasst zusammen und kommentiert: „Gemeinsam mit einem sehr hochkarätigen Kreis von Kunden bewerten wir seit 2007 jährlich die Qualität von Agenturwebsites. Jedes Jahr stellt die Jury wieder einmal fest, dass die Internetauftritte der führenden 30 Agenturen noch sehr viel Potenzial bieten", so der führende Experte für Agenturauswahl. „Die Websites der meisten Agenturen sind nach dem Ü-Ei-Prinzip aufgebaut: Sie versuchen, viele Wünsche auf einmal zu erfüllen. Anstatt sich auf die Kundengewinnung zu konzentrieren, bedienen sie auch Recruitment-Ziele, Pressebedürfnisse und vielleicht auch interne Eitelkeiten. Vielleicht sollten Agenturen mal darüber nachdenken, die Website besser und kompromissloser nach den verschiedenen Zielsetzungen und Zielgruppen zu unterteilen."

Cherrypicker und die Jury des Awards „Agenturwebsites des Jahres" bewerten von 2007 bis heute den Internetauftritt anhand der folgenden Kriterien: Die wichtigste Anforderung an eine Agenturwebsite ist zunächst die Positionierung: Hier wird eine klare und kurze Beschreibung benötigt, was die Agentur macht und was sie auszeichnet. Zum anderen muss die eigene Handschrift des Dienstleisters deutlich werden: Die Website muss den eigenen Anspruch an gute und zeitgemäße Kommunikation zum Ausdruck bringen. Natürlich gehört auch eine gute Usability dazu: Die Navigation und Orientierung sollte schnell möglich und eingängig sein. Sinnvoll sind auch gut aufbereitete Arbeitsbeispiele und kurzweilige Cases. Anhand dieser sollte man die konkreten Leistungen der Agentur und auch die Erfolge der Cases nachvollziehen können. Als potenzieller Kunde

muss man auch die wichtigsten Menschen der Agentur auf der Website identifizieren können. Und zu guter Letzt ist es mehr als wünschenswert, dass man auf schnelle und einfache Weise den Kontakt zu einer namentlich benannten, verantwortlichen Person dieser Agentur herstellen kann, gerne mit Bild und der Angabe verschiedener Kontaktarten.

2.4.3. Agenturgröße: Welche sinnvoll ist

Für Christoph Giloy, Marketingleiter bei Sahm in Höhr-Grenzhausen, ist das Thema Zuverlässigkeit in höchstem Maße relevant. Er muss zum vereinbarten Zeitpunkt das versprochene Ergebnis bekommen: „Wenn ich als mittelständisches Unternehmen mit Freelancern oder ganz kleinen Agenturen arbeite, habe ich diese Sicherheit nur bedingt. Eine Agentur sollte die zusätzlichen Reserven haben, um kurzfristige und unvorhergesehene Projekte bearbeiten zu können. Dies können aber nur Anbieter ab einer bestimmten Mannstärke. Freelancer oder Netzwerkanbieter, die wiederum mit entsprechenden Spezialisten zusammenarbeiten, haben hier ein Problem. Genau deswegen sind wir nicht mit ihnen im Geschäft, sondern mit echten Agenturen. Zu groß dürfen sie aber wiederum auch nicht sein: die Overhead-Kosten steigen, die Betreuung erfolgt häufig nicht mehr vom Agenturinhaber und die notwendige Flexibilität ist nicht gegeben. Eine Agentur muss für uns auch mal auf Zuruf arbeiten oder man muss sich schnell treffen. Das spart Zeit, die Projekte sind schnell auf dem Punkt und ist deswegen so wichtig."

Roland Haase, Kommunikationsleiter im Corporate Marketing bei CLAAS in Harsewinkel, erklärt zur Größe einer Agentur als Auswahlkriterium: „Aus meiner Sicht macht es keinen Sinn, nur ein kleiner von vielen Kunden zu sein. Damit erreicht man nicht das nötige Maß an Beachtung, man bekommt keine guten Leute für den Job. Damit scheiden für uns sowohl kleine Agenturen aus, bei denen man nie sicher sein kann, ob der Projektverantwortliche dort im nächsten Monat überhaupt noch an Bord ist. Als auch eine Zusammenarbeit mit großen Agenturen ist nicht sinnvoll, da man hier oft Geld nur für den Namen bezahlt und eben nicht so wichtig im Portfolio ist."

Für René Will, Leiter Unternehmenskommunikation bei SEW-Eurodrive, einem Familienbetrieb für Antriebstechnik, ist die Agenturgröße relevant, weil sie Prozess-Sicherheit gibt. Dieser Punkt ist für ihn von entscheidender Wichtigkeit. „Was die Prozess-Sicherheit angeht, so muss man sich genau die Strukturen mit den dazugehörigen Kosten erklären lassen. Man muss sich darüber klar sein, wie lange der Dienstleister für die Umsetzung der Teilschritte benötigt. Diese Angaben muss man überprüfen können. Für uns ist dies unproblematisch, weil es im Unternehmen eine eigene quasi Inhouse-Werbeagentur gibt. So können wir sowohl tief fragen als auch die Antworten einschätzen."

René Will
Leiter Unternehmens-
kommunikation
SEW-Eurodrive, Bruchsal

Was die Agenturgröße angeht, so arbeitet Gunther Klamp lieber mit Dienstleistern zusammen, die eine bestimmte Mindestgröße haben; die Agentur sollte aber nicht zu groß sein. „Wir sind personell eher schlank ausgestattet, und ich brauche deswegen einen Dienstleister, der uns ein wenig den Rücken frei hält und Dinge zusätzlich übernehmen kann. Eine zu kleine Agentur hat dafür nicht die notwendige Kapazität. Obwohl wir budgetbedingt kein ganz großer Kunde sind, möchten wir natürlich trotzdem bei der betreuenden Agentur einen hohen Stellenwert haben, was natürlich bei einer großen Agentur etwas schwieriger ist." Auch Silke Hecht-Nölle, bei Philips in Hamburg für das Trade Shopper Marketing verantwortlich, definiert eine Wunschgröße: „Ein Dienstleister, bei dem wir ein Kunde unter vielen sind, ist nicht zielführend. Wir wollen aber auch nicht der größte Kunde sein, dann werden die Abhängigkeiten und Risiken zu hoch. Liegt man dazwischen, erhält man die notwendige Beachtung und den Support. Das ist besser als sich mit einem bekannten Agenturnamen zu schmücken. Die Agentur sollte möglichst vor Ort sein, damit man sich schnell mit ihr abstimmen kann."

Silke Hecht-Nölle
Director Trade Shopper
Marketing
Philips, Hamburg

Karola Heise, Agentur-Coach

Warum Soft Facts entscheiden

Soft Facts sind absolut entscheidend. Versuchen Sie immer, herauszufinden, was den Kunden beschäftigt, was seine Herausforderungen sind. Stellen Sie offene Fragen und treffen Sie keine Annahmen. Jeder, der einmal ein Problem hatte, weiß wie 'heilsam' es sein kann, wenn nur ein anderer richtig zuhört! Gleichwohl darf nicht der Eindruck entstehen, dass man alles für den Kunden tun würde. Die Persönlichkeit und das Standing darf nicht an der Garderobe abgegeben werden.

2.4.4. Menschen: Unter Adrenalin überzeugen

Neben der Prozess-Sicherheit legt René Will Wert auf Kreativität und darauf, dass die Chemie zwischen den Menschen stimmt. „Die Chemie zwischen den Beteiligten", erklärt er, „kann man erst dann testen, wenn im Tagesgeschäft ein wenig Adrenalin im Spiel ist. Im Rahmen eines Pitches sollte man darauf bestehen, alle Mitarbeiter, die uns im Tagesgeschäft betreuen, kennenzulernen. Nur mit der Geschäftsführung zu sprechen, macht keinen Sinn. Eine Einschätzung über die Chemie zu treffen, hat viel mit Bauchgefühl zu tun. Stellt man fest, dass man mit einem Mitarbeiter der Agentur nicht zusammenarbeiten kann, muss man einen Weg finden, dies zu lösen. Der kann final darin bestehen, einen neuen Kundenberater zu suchen."

Die Frage, ob man „miteinander kann", war bei allen Gesprächen mit den Marketingverantwortlichen ein wichtiger Punkt. Dieser menschliche Faktor lässt sich nur unwesentlich beeinflussen und seine Messbarkeit ist schwierig. Die

Martin Dominicus
Marketingleiter Bereich
Camera Lenses
Carl Zeiss, Oberkochen

Reduktion der Longlist auf die Shortlist ist aber häufig genau darauf gegründet: ob man miteinander arbeiten kann. Die Shortlist sollte nur noch aus solchen Agenturen bestehen, bei denen das Miteinander stimmt. Für Claudia Endres, bei Ringfoto in Fürth für das Marketing verantwortlich, ist genau dieser menschliche Kontakt entscheidend. „Schließlich hat man mehrmals am Tag miteinander zu tun. Es ist ein intensiver Kontakt, der für beide Seiten positiv sein sollte. Das funktioniert nur, wenn es menschlich klappt. Hat von Seiten der Agentur ein Beraterwechsel stattgefunden und stellen sich dann sowohl fachlich als menschlich massive Probleme ein, dauert alles viel länger und ist anstrengender. Jetzt muss die Agentur handeln, sonst liegt der Gedanke an einen Pitch nahe."

Christiane Niehaus, in Köln bei den DEVK-Versicherungen für die Kommunikation zuständig, meint dazu: „Gerade wenn die Longlist zu einer Pitchliste reduziert wird, kann ich Marketingkollegen nur raten, sich die Agenturen persönlich vor Ort anzuschauen. Man kann dies mit einem Workshop kombinieren. So bekommt man ein besseres Verständnis davon, wie die Menschen arbeiten und mit wem man es zu tun hat. Obwohl eine solche Deutschlandreise aufwendig ist, ist die Zeit gut investiert. Nachher kann man eindeutiger sagen, mit wem man weiter in den Pitch gehen möchte."

Martin Dominicus, Marketingleiter bei Carl Zeiss für den Bereich Camera Lenses, hat sich 15 Agenturen vor einer Entscheidung selber angeschaut. Für ihn war dieser Prozess zeit- und arbeitsintensiv, aber er hat sich gelohnt: „Besucht man die Agenturen, lernt man viel über seinen zukünftigen Partner. Man sieht wie Räume und Einrichtung die Kommunikation und Atmosphäre beeinflussen und spürt etwas von der Stimmung im Team. Bei einer Agentur deren Büros eher einer Behörde gleichen, kann man sich gar nicht vorstellen, wie dort kreative Ideen entstehen. Aber auch die Zeit für ein tiefergehendes Gespräch war sehr wichtig. Was mich besonders überzeugt hat, waren Agenturen, die

Johannes Mauss
Marketingleiter
Haus Rabenhorst,
Unkel

nicht reflexartig ihre einstudierte Agentur-Präsentation abgespult haben, sondern gleich auf unsere individuelle Situation eingingen: erst gezielte Fragen zum Verständnis unserer Situation und dann eine individualisierte Vorstellung der Agentur die möglichst gezielt auf unsere Punkte einging. Leider war das aber eher selten der Fall. Es wäre schön, wenn Agenturen diese Möglichkeit stärker nutzen."

Der Marketingleiter eines führenden Finanzdienstleisters mit Sitz in Frankfurt sagt dazu: „Mir passiert es selten, dass ich mit einem Mitarbeiter einer Agentur ein menschliches Problem habe. Ich kann hier wunderbar zwischen Beruf und Privatleben trennen. Schließlich muss ich nicht mit jemandem befreundet sein, und es geht um eine rein geschäftliche Geschichte."

2.4.5. Referenzen: Schönschreiber sein

Unter Referenzen sollen hier alle Möglichkeiten verstanden werden, die eine positive Wertung und Empfehlung für eine Agentur aus vergangenen Projekten darstellen. Referenzen lassen sich dabei entweder als kurzes Empfehlungsschreiben darstellen, in dem zum Beispiel der Marketingleiter die Agentur für erfolgreiche Projekte lobt. Der andere Weg ist eine Projektdarstellung aus Sicht der Agentur, die dabei eine unterschiedliche Tiefe haben kann. Diese Form kommt meist ohne das Wissen des Auftraggebers aus.

Für viele Marketingverantwortliche ist der Umgang hiermit wichtig. Agenturen sind stolz auf ihre Arbeit und wollen dies zeigen. Marketingleute verstehen das, wollen aber sicher sein, dass sich hinter den Referenzen Projekte mit Qualität und Tragweite verbergen. Nicht nur die Frage, wann eine Referenz tatsächlich eine ist, auch die Frage, wie man diese am sinnvollsten darstellt, ist wichtig. Johannes Mauss, beim Haus Rabenhorst für das Marketing verantwortlich, kann

verstehen, dass Agenturen ihre Leistungen über ihre Erfahrungen und Referenzen verkaufen. Er findet aber, dass mehr Ehrlichkeit gefragt ist: „Ich finde es immer erstaunlich, zu sehen, wie viele Agenturen für die wenigen großen Unternehmen gearbeitet haben. Aus meiner Sicht gibt es dort ein Missverhältnis. Das lässt sich nur über die geringe Projektgröße erklären. Eine Agentur kann sich nicht mit einem großen Kundennamen schmücken und man findet dahinter nur Mini-Projekte. So etwas zahlt nicht auf die Glaubwürdigkeit der Agentur ein. Außerdem ist die Branche klein. Es passiert schnell, dass man eine Referenz sieht und zufällig einen Ansprechpartner dieses Unternehmens kennt. Schlimm wird es, wenn diese Person gleich sagt, dass das Projekt von nur geringer Bedeutung war oder, noch dramatischer, wenn die Person sich gar nicht mehr an die Agentur erinnern kann. Genauso wenig akzeptabel ist es, wenn das Logo eines Unternehmens auf der Referenzseite abgebildet ist und man dann per Link auf dessen Homepage geleitet wird. Das bringt nichts."

Eine bessere Lösung ist, Case-Studies zu nutzen. Dabei erklärt man die Aufgabe, die Ausgangssituation, die Vorüberlegungen, den Hintergrund und die kreative Umsetzung. Idealerweise kann man noch mit Ergebnissen aufwarten, die man nicht unbedingt quantitativ darstellen muss. „Zahlen zu nennen, ist nicht immer ganz einfach. Viele Auftraggeber haben damit ein Problem", so Johannes Mauss, „aber man kann das Ganze elegant umschreiben. So kann man berichten, dass sich die Marktposition deutlich verbessert hat. Wenn die Agentur einen solchen Case noch mit dem Kunden abstimmt, nimmt sie diesen mit ins Boot. Ruft mich jetzt ein potenzieller Neukunde dieser Agentur an, dem ein solcher Case geschickt wurde, so kann ich mich sofort erinnern. Mit einer solchen Abstimmung bekommt eine Kundenreferenz eine ganz andere Durchschlagskraft." Die Form der Case-Study wird man den unterschiedlichen Formaten anpassen: Auf der Homepage wird diese eine andere Ausgestaltung haben als wenn man sie als PDF verschickt oder sie persönlich präsentiert.

Die drei größten New-Business-Fehler der Agenturen

Jan-Piet Stempels
Regional Managing
Partner
Roth Observatory
International, Hamburg

1. Man erzählt die gleiche Story wie ziemlich viele andere Agenturen landauf und landab... und die geht so: Wir sind mit Leidenschaft bei der Sache, wir glauben an die Kraft der Kommunikation und bei uns arbeitet die Chefetage noch direkt im „daily business" und ist mitten drin statt nur dabei. Nebenbei haben wir noch eine ganz einzigartige Philosophie, die auf dem Gründungsmythos XY fußt und auf deren Basis wir schneller und schlauer sind als der Rest der Werbewelt.

2. Man präsentiert voller Stolz in epischer Breite die eigene Kreation, ohne den Business-Kontext aufzuzeigen. Damit kann man sich schnell und unfreiwillig als selbstverliebte Ideen-Jäger outen, denen das wirtschaftliche Ziel des Kunden im Zweifel egal ist. Wer mit Business-Cases statt Kreativ-Cases für sich wirbt, der vermittelt im ersten Eindruck erst einmal ein gutes Bild.

3. Man vergisst den Faktor „Mensch" und präsentiert ausschließlich die Agentur als abstrakte Marke. Dabei entscheiden sich die meisten Kunden schlussendlich nicht nur für eine Agentur, sondern für oder gegen deren Protagonisten. Die Kunden möchten wissen, wie die wichtigsten Player ticken, was sie machen, gemacht haben und auf welcher Betriebstemperatur „der Laden" kocht.

Auch für Frank Sahler (1. FC Köln) sind Referenzen und ihre Darstellung wichtig. Ihn treibt dabei die Frage um, welche Projekte man für einen Kunden bearbeitet hat, um ihn mit Recht als Referenz aufführen zu können: „Man findet Logos von angeblichen Kunden auf Webseiten oder Präsentationen von Agenturen, und es stellt sich heraus, dass die Agentur für dieses Unternehmen mal die Weihnachtskarte gestaltet hat. So etwas ist enttäuschend und schafft falsche Vorstellungen. Man sollte, wenn es keine Kampagne war, so doch zumindest ein ordentliches Projekt für einen Kunden bearbeitet haben." Inakzeptabel wird es aus seiner Sicht, wenn die Erfahrungen von Mitarbeitern als deren Referenzen angegeben werden. „Wenn diese Mitarbeiter nicht auf Geschäftsleistungsebene angesiedelt sind, geht das nicht. Wenn das ein sinnvoller Weg wäre, so würde ich mir einige Mitarbeiter nur einstellen, um deren Referenzen zu nutzen. So bekäme man noch eine ordentliche PR. Nachvollziehbar und gut finde ich es hingegen, wenn gerade die Geschäftsführer von Neugründungen ihre großen Projekte von früheren Stationen aufführen. Die Gründer sollten aber federführend daran gearbeitet haben. Wenn ein ehemaliger Creative Director (CD) oder Client Service Director so vorgeht, finde ich das nachvollziehbar."

Geht es um einen konkreten Neukunden und einen bestimmten Mitarbeiter, die zusammenarbeiten sollen, so kann man die speziellen Erfahrungen dieses Agenturmitarbeiters aber sehr gut ins Spiel bringen. Florian Hamsch meint dazu: „Als Kunde kann ich fragen, wer aus dem Team genau für mich arbeiten würde. Ich möchte wissen, welche Referenzen und Erfahrungen diese Menschen haben. Dem Kunden gibt das Sicherheit und die Agentur kann sich profilieren, weil Mitarbeiter Erfahrungen aus früheren Stationen mit einbringen können."

2.4.6. Effizienz und Proaktivität: Ergebnisse zählen

Effizienz und Proaktivität sind wichtige Themen sowohl für Agenturen als auch für deren Kunden. Das zweitgenannte Kriterium gibt es schon länger, Effizienz ist seit noch nicht allzu langer Zeit relevant. Wie wichtig beide für die Agenturauswahl sind, darüber berichtet Gunther Klamp: „Effizienz heißt für mich,

dass zum Beispiel Texte, die von der Agentur geliefert werden, ohne große Änderungen übernommen werden können. Es ist einfach zeit- und arbeitsaufwendig, wenn man mehrere Korrekturschleifen drehen muss. Viel besser ist es, wenn die Agentur komplett im Thema eingearbeitet ist und die gelieferten Dinge sofort genutzt werden können. Proaktiv heißt für mich, dass die Agentur nicht wartet, bis von uns der Auftrag zu einem Job kommt. Ich finde es prima, wenn der Dienstleister von sich aus sieht, dass bspw. der Launch eines neuen Modells ansteht und er dann aktiv wird. Die dazu notwendige Information kann er aus verschiedenen Datenbanken erhalten, auf die er Zugriff erhält. Proaktiv kann eine Agentur im PR-Bereich sein, wenn sie mich auf Sachverhalte aufmerksam macht, die ich vielleicht selber noch nicht kannte, die aber das Potenzial für eine Pressemeldung haben."

Vera Grote
Business Director
Johanssen + Kretschmer,
Berlin

Für Maximilian Wolde, Geschäftsführer der Kölner Agentur HTW/O Sales, ist es eindeutig, dass in allen Bereichen die Ergebnisorientierung wichtig ist. „Das gilt für die Bereiche, in denen man das eindeutiger und besser messen kann. Beim POS-Thema wird man an den unterschiedlichen Erfolgsstufen viel stärker gemessen als dies vor einigen Jahren noch üblich war. Der Nachweis der Effizienz bzw. eines Return on Investment für den Kunden ist extrem wichtig geworden; ohne ihn kann man heute mit keinem Kunden ins Geschäft kommen. In anderen Bereichen der Kommunikation ist dies noch nicht so stark durchgedrungen. Das wird sich ändern."

Erfolge darf man nicht nur fordern, man muss sie messen und vor allem die Wirkung nachweisen können. Vera Grote, bei der Berliner Agentur Johanssen + Kretschmer für das Neugeschäft verantwortlich, erklärt: „Die Antworten darauf trennen die Spreu vom Weizen. Agenturen, welche die Wirkung von Kommunikation nachweisen können, sind in der Lage, diese strategisch zu entwickeln und zu steuern. Wichtig dabei: Mit den bekannten Evaluations-Verfahren und Messgrößen (Besucherzahlen, Medienreichweiten etc.) wird nur selten der Erfolg von

Kommunikation nachgewiesen. Es werden zumeist schlicht Kontakte gezählt, aber ob zum Beispiel Inhalte verstanden wurden, bleibt offen. Wesentlich ist, ob die Auftraggeber an Zahlen und Messwerten sehen, was Kommunikation bewirkt hat und wie sie ihre Kommunikation verbessern können. Hier gilt es, genau hinzuschauen und nachzufragen."

Aus der Sicht von Björn Simon (Yello Strom) denken Agenturen stark von den einzelnen Kanälen her. „Eine Agentur, die stark im TV ist, wird vermutlich auch eine Kampagne kreieren, die ihren Kern-Strang im TV hat. Ich vermisse aber gerade in unserer multimedialen Welt, dass die Agenturen Ansätze entwickeln, , wie man durch Kommunikation differenziert und effizient auf Zielgruppen zugeht. Zu wenige Agenturen denken darüber nach, wie und wo man den Konsumenten heute antrifft, in welcher Situation er sich befindet. Es wird zu wenig über Relevanz nachgedacht und stattdessen einfach eine Leitgeschichte in allen Kanälen adaptiert. Man bleibt lieber bei seinem Steckenpferd und denkt nur in seiner Lieblingsdisziplin. Mich interessiert aber, wodurch wir uns differenzieren können und wie mögliche Leitideen aussehen, die zur jeweiligen Marke passen. Damit habe ich eine Antwort auf die Frage, was ich erzählen will. Die Wahl des Medienmixes richtet sich dann nach diesen Inhalten und ist abgestimmt auf die Zielgruppen."

2.4.7. Kein Pitchteam: Viele Köche verderben nicht den Brei

Vor einigen Jahren war es gerade bei den größeren Agenturen noch üblich, ein Team aus Kreativen, Beratern und Planern zu haben, die sich zum größten Teil um Pitches kümmerten. Meist waren es Mitarbeiter mit viel Erfahrung in genau diesen Aufgabenstellungen. Nachdem die Agentur den Pitch gewonnen hatte, wurde der Kunde von einem neuen Team übernommen. Diese Stabübergabe galt als Normalität. Heute wird so etwas nicht mehr goutiert. Die allermeisten Agentur-Auswählenden bestehen heute darauf, dass das pitchende Team den Kunden nachher auch im Tagesgeschäft betreut. Es mag das alte Modell noch hier und da geben, aber die Kunden tolerieren es weniger. Als eine Aussage

unter vielen ähnlichen sei hier Stephen Schuster (WMF) zitiert: „Bei der Agenturauswahl ist mir wichtig, dass ich im Rahmen des Pitches mit den Leuten am Tisch sitze, die mich später im Tagesgeschäft betreuen. Ich habe ein massives Problem, wenn ich die Geschäftsführung nur zum Pitch oder einmal im Jahr sehe und im Pitch nicht das Team kennenlerne, das mich begleitet. Natürlich gibt es immer mal Wechsel, aber große Veränderungen sollten gerade auf der Senior-Ebene nicht stattfinden."

Der Blick über den Tellerrand

Karola Heise, Agentur-Coach

Rollenverteilung

Geben Sie jedem Agentur-Mitarbeiter, der zur Pitchpräsentation mitkommt, eine Rolle, einen Part mit Inhalt. Nichts ist schlimmer, als wenn der potenzielle Kunde am Ende eines Vortrags sagen muss: „Und wer war noch mal die Frau da links? Die hat gar nichts gesagt …" Am besten macht der Agenturchef das Intro und ein Schlusswort, ansonsten hat das Team das Wort.

2.4.8. Awards: Löwen, die nur brüllen

Die Bedeutung von Awards hat sich bei Agenturen in der letzten Zeit verändert. Dies hängt sicherlich mit der massiven Diskussion um die sogenannten Goldideen zusammen, also Kommunikationsideen, die nur für Awards erdacht wurden. Für Martin Sir, Head of Marketing Communication and Trade Marketing von Hyundai Deutschland in Offenbach, sind Awards nicht unwichtig, haben aber keine hohe Priorität. „Sowohl bei den Kreativ-Awards als auch bei denen für Effizienz weiß man, wie diese zustande kommen. Manchmal muss man nur die Geschichte richtig erzählen, um einen solchen Preis zu erhalten. Von den Kreativ-Preisen weiß man das, aber beim Effie ist der Trick der gleiche. Und schließlich ist Kommunikation nur ein Baustein, um erfolgreich zu sein. Daneben gibt es noch andere, die sicherlich bedeutender sind. Man denke an den Verkaufspreis oder an die Verfügbarkeit. Kreativ-Auszeichnungen finde ich wichtiger als den Effie. Die ausgezeichneten Arbeiten geben immer neue Impulse, wie Kommunikation funktionieren kann. Man kann aus vielen Arbeiten viel lernen und Nutzen ziehen."

Für Karen Strewe, Marketing Director bei Pfizer Consumer Healthcare in Berlin, haben Kreativ-Awards nur eine geringe Bedeutung: „Mich interessieren wirklich

nur die Effies. Bei den meisten anderen Kreativ-Awards beurteilen Kreative die Arbeit anderer Kreativer, sie bilden aber nicht ab, was mit einer Kampagne verkauft wurde. Aber genau der Abverkauf ist für mich die kreative Leistung, die entscheidet. Dies gilt noch viel massiver vor dem Hintergrund, dass wir mit unseren Produkten auf eine spezielle Zielgruppe abzielen."

Immer wieder taucht die Frage auf, wie wichtig Awards in Präsentationen sind. Claudia Endres sagt dazu: „Bei einer Agenturpräsentation interessieren mich weniger die gewonnenen Preise, sondern viel eher die Cases. Ganz schön wäre es, wenn eine stimmige Geschichte erzählt würde, die am besten noch etwas zur Wirkung sagt. Das ist nicht immer ganz einfach, beeindruckt aber."

2.5. Spezielle Auswahlaspekte: Wahl macht Qual

Bisher habe ich über Anforderungen an Agenturen gesprochen, die einen eher allgemeinen Charakter haben. Sie gelten mit Abstufungen für fast alle Agenturen, unabhängig von ihrer Spezialisierung nach Branchen und Disziplinen. Nur Media-Agenturen bilden eine Ausnahme, da es hier nur wenige von Bedeutung gibt und die Auswahlkriterien rabattgetrieben sind. Im folgenden Abschnitt sollen nun einige Aspekte besprochen werden, die spezialisierte Agenturen betreffen. Da ich hier nicht auf jede Spezialisierung eingehen kann, konzentriere ich mich auf die POS-Kommunikation. Gerade hier hat es in den letzten Jahren massive Veränderungen gegeben. Bis vor einigen Jahren hatte man es mit Agenturen zu tun, die aus der klassischen Kommunikation kommend Leistungen für den Point-of-Sale anboten. Heute haben sich spezialisierte Agenturen gebildet, die abverkaufsorientierte Leistungen anbieten. Die Ursache dieser Entwicklung liegt darin begründet, dass der POS wichtiger geworden ist. Immer weniger spezifische Leistungen werden vom Handel selber durchgeführt, stattdessen werden diese von den Herstellern übernommen. Hier sind die Branchen unterschiedlich weit entwickelt. Bei elektronischen Produkten ist man hier sicherlich vorne, andere Branchen werden folgen. Aufgrund dieser Veränderungen bieten sich die POS-Agenturen geradezu zur Darstellung der spezifischen Auswahlkriterien an.

Robb High, Robb High Consultant

The mistake: bringing the wrong people... and too many of them

Agencies assume that the CEO must be on the pitch team. In ad agencies it's assumed that the Creative Director must be there ... plus the team that did the creative work. In PR firms the Practice Head must be present. The head of digital must be on the team (often because the rest of the team doesn't know digital). And, of course, the people that will work on the business must be there (because the client said so.)

This is a formula for disaster. First of all, agencies end up creating a pitch team that's too large. All good theatre (and all pitches are theatre) never has more than 4 main characters. So when an agency brings 6 or 7 people it's extremely difficult to deliver an engaging presentation. And never should someone attend and not have a significant "part" (Marcel Marceau cannot be on the team.)

Second, a person's title, or contribution to making the presentation, should have no bearing on whether they're on the pitch team. In theatre, only the best actors assume the parts. Equally so in a pitch: only the best presenters should be on the team. So, what about when the client says they want the people who will work on the business to do the pitch? Here's what to do.

Matthias Leier
Trade-Marketingleiter
Vorwerk, Wuppertal

2.5.1. Anforderungen: Spezielle Wünsche an Spezialisten

Zuerst kommt Matthias Leier zu Wort, der bei Vorwerk in Wuppertal für das Handelsmarketing verantwortlich ist. Er beschreibt in einem ersten Schritt seine allgemeinen Erfahrungen, die er mit Agenturen macht, und spricht darüber, was für ihn wichtig ist: „Agenturen, die für mich interessant sind, müssen es schaffen, Kunden in die Geschäfte zu bringen und sie dort begeistern und Impulse setzen für den Verkauf. Viele, die mich ansprechen, wissen noch nicht einmal, was ich genau mache. Das ist erstaunlich. Nur die wenigsten wollen mir außer einer Agenturpräsentation überhaupt etwas Spezifisches zeigen. Dies könnte zum Beispiel eine Antwort auf die Frage sein, wie man den Traffic in den Geschäften erhöhen kann. Nur wenige Agenturen haben sich bezüglich dieser oder vergleichbarer Maßnahmen auf meine Produktkategorie fokussiert. Viele Agenturen kommen aus dem Sale-in-Bereich, wir haben aber immer mehr Sale-out-Aktivitäten. Kanalübergreifend zu verkaufen und so zu denken, müssen Agenturen noch lernen."

Wichtig ist Silke Hecht-Nölle von Philips die notwendige fachliche Kompetenz. Dazu müsse man nicht nur das Thema Trademarketing inhaltlich verstehen, man müsse auch wissen, wie der direkte Handelskunde von Philips tickt. „Man braucht die notwendigen Insights zum Beispiel über die Media-Saturn-Holding oder andere. Eine Agentur, die über diese Unternehmen kein Wissen und keine Kontakte hat, ist für diese Aufgaben nicht der richtige Partner. Die Agentur muss es verstehen, sich direkt mit unserem Außendienst abzustimmen, erste Themen und Fragen zu klären. Ein solches Vorgehen entlastet uns enorm und ist deswegen so wichtig. Wichtig sind weiterhin sinnvolle Reporting-Tools. Das Fehlen derselben war mit ein Grund, warum wir uns von der letzten Agentur getrennt haben. Der Dienstleister hatte kein sinnvolles System und wollte es auf unsere Kosten aufbauen. Seinerzeit fanden wir es besser, zu einer Agentur zu wechseln, wo man bereits mit einem solchen Reporting arbeitete. Die Agentur muss technologisch die Verknüpfung zum Internet schaffen. Dies wird sich in den nächsten Jahren noch ausprägen und Agenturen müssen weiter aufrüsten."

2.5.2. Öffentliche Ausschreibungen: Der Mythos wird gelüftet

Neben den privaten Auftraggebern kann ein neues Geschäft auch von öffentlichen Auftraggebern akquiriert werden. Da sich die Verfahren stark voneinander unterscheiden, soll an dieser Stelle nochmals genauer auf die Vergabe durch öffentliche Auftraggeber eingegangen werden. Viele Agenturen haben bei öffentlichen Ausschreibungen das Problem, nicht zu wissen, bei welchem Verfahren bereits ein Favorit feststeht und wo dies nicht der Fall ist. Mit anderen Worten: In welchen Fällen ist das Verfahren überhaupt noch offen, sodass man eine Chance hat, und in welchen kann man sich die Reaktion auf die Ausschreibung gleich sparen? Wie detailliert die Ausschreibung verfasst ist, kann ein wichtiger Hinweis darauf sein, ob der Gewinner schon feststeht. Ist diese genau und werden auf den ersten Blick erstaunlich klare Kriterien und Detailvorgaben zur Eignung der Bewerber genannt, so kann man davon ausgehen, dass der Favorit bereits feststeht. Dies kann gute Gründe haben, weil man zum Beispiel nicht die Zeit hat, eine neue Agentur in die komplexe Thematik einzuarbeiten. Manchmal liegen die Dinge nicht so klar auf der Hand und sind eher mit geringer Motivation aufseiten der Verfasser zu erklären. Dies gilt, wenn bei einem deutschen Event, der im Ausland stattfindet, gewünscht wird, dass zum Beispiel die Service- und Reinigungskräfte deutsch sprechen. Man will sich eben in der eigenen Sprache verständigen, wenngleich man, um dies sachlich begründen zu können, Klimmzüge machen muss. Auch deshalb findet sich häufig bei europaweiten Ausschreibungen der Hinweis auf die Festlegung einer deutschen Projektsprache. Dies ermöglicht im international eng vernetzten Agenturgeschäft einen sicheren Vergabe- und Auftragsverlauf für die öffentlichen Auftraggeber.

Von Agenturen wird immer moniert, dass die bei einer öffentlichen Ausschreibung einzureichenden Unterlagen oft wenig detailliert oder missverständlich beschrieben sind. Dies wird man nur schwer verhindern oder ändern können, denn die ausschreibende Behörde besitzt oft kein Spezialwissen, um optimale Leistungsbeschreibungen und Eignungsvorgaben zu erstellen. Dies ist zulässig, sofern eine sachlich nachvollziehbare Begründung besteht und die gewünschte Leistung dennoch eindeutig und erschöpfend beschrieben wird.

Auch wenn öffentliche Ausschreibungen langwierig sind und viele Probleme haben, sind die positiven Aspekte doch deutlich zu sehen. Man kann meist genau abschätzen, wie hoch die Rechnung sein wird, die man schreibt, und hat keinen Zahlungsausfall zu befürchten. Die Rechnung wird meist schnell bezahlt. Ein häufiges Vorurteil sei hier entkräftet: Natürlich kann man auch bei einer öffentlichen Ausschreibung ein Pitchhonorar erhalten. Dies wird meist nicht hoch sein, aber wenn die ausschreibende Stelle genügend Mittel besitzt und den hohen Sach- und Personalaufwand der Bieter berücksichtigt, so ist es grundsätzlich möglich, ein solches Honorar auszuzahlen. Dies ist für Auftraggeber schließlich ein wichtiges Instrument, um sich ein hochwertiges Bieterfeld zu sichern und kleine aufstrebende Agenturen zur Angebotsabgabe zu motivieren. Oder wenn zum Beispiel die Anzahl der sich beteiligenden Agenturen eher nach unten geht und man für die Dienstleister attraktiver werden will, kann man dies ebenfalls mit einem Honorar erreichen. Noch immer stellt aber bei öffentlichen Ausschreibungen ein Pitchhonorar eher die Ausnahme dar.

2.6. Zusammenfassung und Schlussbemerkung

Die Meinung von Marketingverantwortlichen, was das New Business von Agenturen angeht, fällt nicht schmeichelhaft aus. Was auf den ersten Blick nicht gut klingt, entpuppt sich aber auf den zweiten Blick als große Chance. Wenn es viele Agenturen auf dem Markt gibt, die aus Sicht ihrer Zielgruppe keinen guten Job machen, so kann man sich als Einzelner nur durch wenige Veränderungen von ihnen differenzieren und positiv auffallen. Wer heute mit einem spezifischen Ansatz auf Kundenfang geht und nicht auf Massenakquise setzt, macht einen solchen Unterschied. Wer sich heute mit einem potenziellen Kunden vor einem Termin intensiver beschäftigt, marschiert ebenfalls in diese Richtung. Genau wie eine Agentur von einem Bewerber erwartet, dass der genauer weiß, mit wem er sich unterhält, so erwarten potenzielle Kunden diese Kenntnisse auch von ihrer Agentur.

Karola Heise, Agentur-Coach

Kontakter

Eine Agentur sollte jede nur erdenkliche Möglichkeit nutzen, mit dem Kunden im Vorfeld in Kontakt zu sein. Bei Pitches, die ich als Interim-Manager oder als Pitchbetreuer durchführe, bin ich immer erstaunt, wie viele Agenturen vom Angebot eines Rebriefings oder eines Schulterblicks keinen Gebrauch machen. Es herrscht der weit verbreitete Glaube, man gäbe dann seine schönen Kampagnen-Ideen zu früh preis. Dabei ist beispielsweise ein Schulterblick mit einem Mitarbeiter des Entscheiders eine weitere Möglichkeit, genauer zu verstehen, ob man auf dem richtigen Weg ist.

Es steht außer Frage, dass sich der Akquiseprozess in den letzten Jahren stark verändert hat. In besseren Zeiten war es sicherlich ausreichend, als Agentur zu erzählen, was man für ein toller Laden ist. Ersttermine, bei denen die Agentur die eine Stunde Zeit komplett für sich nutzen konnte, gab es sicherlich. Aber diese Zeiten sind vorbei. Agenturen sollten heute stärker aus der Sicht des Kunden denken und weniger auf sich selbst fokussiert sein. Je besser eine Agentur die Versessenheit (vulgo: Geilheit) auf die eigenen Leistungen zügeln kann, desto leichter fällt das Neukundengeschäft.

Checks und Vorbereitungsfragen für Agenturen

Diese Checks sind entnommen aus bzw. angelehnt an:

Heiko Burrack
Erfolgreiches New Business für Werbeagenturen
4. Auflage, BusinessVillage 2013

Strategisches Neukundengeschäft: Der Positionierungs-Check

Kreuzen Sie bitte bei den folgenden Fragen die vorgegebenen Antworten an. Fehlt die für Sie passende Antwort, so setzen Sie sie bitte entsprechend ein. Mehrfachnennungen sind möglich.

1. Frage: Wir können...

- ☐ Klassische Kommunikation
- ☐ Direktmarketing
- ☐ Öffentlichkeitsarbeit
- ☐ Messen und Events
- ☐ Mobiles Marketing
- ☐ POS-Kommunikation
- ☐ Digitale Kommunikation
- ☐ Corporate Publishing
- ☐ Corporate Design
- ☐ Suchmaschinenmarketing

2. Frage: In diesen Branchen haben wir eine Kernkompetenz...

- ☐ Automobilindustrie
- ☐ B-to-B
- ☐ Beauty
- ☐ Food/Beverage
- ☐ Finanzdienstleistungen
- ☐ Energy

.

3. Frage: Wir können als Agentur nicht…

☐ B-to-B
☐ B-to-B und öffentliche Ausschreibungen
☐ B-to-C-Kommunikation
☐ öffentliche Ausschreibungen

4. Für das Neukundengeschäft ist bei uns verantwortlich…

☐ der Kontakter
☐ nur der GF
☐ die Kreativen
☐ das Planing

5. Frage: Unser USP liegt ganz klar…

☐ in unserer Erfahrung.
☐ in unserer integrierten Sichtweise und dem Ansatz.
☐ in Erfahrungen für spezielle Zielgruppen.
☐ in unserer Erfahrung für spezielle Branchen.

6. Frage: Unser New-Business-Ansatz geht davon aus, dass…

☐ wir Erfahrung und Kompetenz haben.
☐ wir uns intensiv mit dem Unternehmen beschäftigt haben.
☐ wir strategisch gut aufgestellt sind.
☐ wir eine ausgezeichnete Kreation haben.
☐ wir immer neue Ideen, wie Big Data, nutzen.

Eine Allianz unter Freunden

Gemeinsam für eine bessere Kommunikation

Die Mitgliedschaft in AIKA ist ein einzigartiges Qualitätssiegel: Die derzeit rund 50 inhabergeführten Kommunikationsagenturen aus allen Disziplinen tauschen sich intensiv aus, entwickeln Qualitätsstandards und treffen sich auf Themen-tagen und Kompaktveranstaltungen.

Erfahren Sie mehr über die Mitgliedschaft – oder über Ihre neue Agentur: www.aika.de

AIKA Allianz inhabergeführter Kommunikationsagenturen

7. Ein Unternehmen soll mit uns arbeiten, weil...

8. Wir sind positioniert als...

Kontaktdaten:

Name: _____   Anzahl der Mitarbeiter: _____

Telefonnummer: _____   Mail: _____

KEINE EXPERIMENTE

Operatives Neukundengeschäft: Terminvereinbarungs-Check

Kreuzen Sie bitte bei den folgenden Fragen die vorgegebenen Antworten an. Fehlt die für Sie passende Antwort, so setzen Sie sie bitte entsprechend ein. Mehrfachnennungen sind möglich.

1. Um Kontakte zu knüpfen, nutzen wir...

- ☐ Events
- ☐ Brauchen wir nicht
- ☐ Messen
- ☐ Persönliche Kontakte
- ☐ Public Relations
- ☐ Cold-Calls

2. Zu Beginn einer Neukundenaktion haben Sie die Anzahl der zu kontaktierenden Unternehmen festgelegt. Wie viel Prozent aller definierten Unternehmen rufen Sie an, bis Sie sie erreichen:

- ☐ 25 Prozent
- ☐ 75 Prozent
- ☐ 50 Prozent
- ☐ 100 Prozent

3. Eine kurze Credential, die man zum Verschicken benutzt, hat den folgenden Umfang:

- ☐ 10 Charts
- ☐ 25 Charts
- ☐ 20 Charts
- ☐ 30 Charts

4. Ein Neukunde soll mit uns reden, weil...

☐ wir dem Ansprechpartner einen Benefit mitbringen.
☐ wir ein toller Laden sind.
☐ wir Erfahrungen in seiner Branche haben.
☐ wir die Stunde nutzen wollen, um unsere umfangreichen Leistungen zu zeigen.

5. Unterhalten Sie sich eine Stunde mit einem Neukunden, wie viel Zeit benötigen Sie, um die Agentur vorzustellen:

☐ 10 Minuten   ☐ 15 Minuten
☐ 30 Minuten   ☐ 45 Minuten

6. Ein Termin macht dann Sinn:

☐ Immer
☐ Nur wenn es einen akuten Bedarf gibt
☐ Wenn der Ansprechpartner mitentscheiden kann
☐ Auch bei kleinen Unternehmen, denn „Kleinvieh macht auch Mist"

7. Wie oft nehmen Sie vor einem Termin nochmals Kontakt zum Ansprechpartner auf?

☐ 25 Prozent   ☐ 50 Prozent
☐ 75 Prozent   ☐ 100 Prozent

Kontaktdaten:

Name: _____   Anzahl der Mitarbeiter: _____
Telefonnummer: _____   Mail: _____

Der Pitch-Check

Kreuzen Sie bitte bei den folgenden Fragen die vorgegebenen Antworten an.
Fehlt die für Sie passende Antwort, so setzen Sie sie bitte entsprechend ein.
Mehrfachnennungen sind möglich.

1. Wir nehmen an Pitches teil...

☐ nur, wenn für sie ein Honorar gezahlt wird.
☐ und haben dabei keine einschränkenden Kriterien.
☐ wenn nicht mehr als fünf Agenturen antreten.
☐ immer, wenn der Kunde interessant für uns ist.

2. Bevor wir mit dem Pitch richtig starten...

☐ wollen wir unbedingt wissen, wie viele andere Agenturen teilnehmen.
☐ nutzen wir primär das Briefing.
☐ wollen wir immer mit den Entscheidern sprechen.
☐ suchen wir so viele Touchpoints wie möglich.
☐ schauen wir uns immer an, wie hoch das Potenzial ist.

3. Ein Briefing...

☐ nutzen wir, so wie es ist.
☐ ist nur die Grundlage, mehr Infos besorgen wir uns immer.
☐ hinterfragen wir immer.
☐ hinterfragen wir selten.

4. Im Rahmen des Pitches präsentiert...

- ☐ nur die Geschäftsführung.
- ☐ auch mal ein Praktikant.
- ☐ immer der potenzielle Berater zusammen mit den Kreativen.
- ☐ nur das Pitchteam.

5. Wir präsentieren...

- ☐ immer mit Powerpoint.
- ☐ manchmal auch anders.
- ☐ zwar auch mit Powerpoint, versuchen es aber zu vermeiden.
- ☐ nur auf der Tonspur.

6. Die Präsentation von 60 Minuten?

- ☐ die volle Zeit
- ☐ 15 Minuten
- ☐ eine halbe Stunde
- ☐ 45 Minuten

7. Auf den Folien sieht man...

- ☐ Text.
- ☐ wenig Text, viel Bild.
- ☐ nur Bild.

Kontaktdaten:

Name: _____   Anzahl der Mitarbeiter: _____

Telefonnummer: _____   Mail: _____

Vorbereitungsfragen für Agenturen

Zu klärende Fragen vor dem Erstkontakt

- *Welches kann ein Zusatznutzen sein, dem Sie dem potenziellen Neukunden für ein Erstgespräch mitbringen können?*
- *Warum soll sich der Ansprechpartner also speziell mit Ihnen eine Stunde unterhalten?*
- *Welche Leistung kann die Agentur besonders gut erbringen und wie kann man dies durch Arbeiten aus der Vergangenheit belegen?*
- *Können Sie dies auch in einer kurzen Präsentation zeigen und darstellen?*
- *Wer ist Ihr Ansprechpartner? Welche Funktion sollte er haben und wie können Sie ihn recherchieren?*
- *Wenn Sie diesen richtigen Ansprechpartner nicht recherchierten können, gibt es einen anderen, den sie dazu anrufen können?*

Zu klärende Fragen vor einem ersten persönlichen Kontakt

- *Kennen Sie bei einem größeren Unternehmen die genaue Adresse des Ansprechpartners bzw. wissen Sie, wo Sie ihn treffen werden?*
- *Haben Sie vor dem Treffen nochmals angerufen und sichergestellt, dass der Termin auch zustande kommt?*
- *Haben Sie grundlegende Informationen über das Unternehmen und die Marke gesammelt (Historie, aktueller Stand, Distribution, Preis usw.)?*
- *Haben Sie sich über den Ansprechpartner informiert und wissen Sie, wer an dem Gespräch sonst teilnehmen wird?*

Zu klärende Fragen vor der Agenturpräsentation

- *Machen Sie sich vorher kundig, in welchen Räumlichkeiten die Präsentation stattfinden wird; welche Gerätschaften passen dazu am besten?*
- *Kann man sich den Raum vielleicht sogar vorher ansehen?*
- *Wer wird von Kundenseite an der Präsentation teilnehmen?*
- *Wer wird Entscheidungen treffen und wer wird nur, ohne solches zu tun, daran teilnehmen?*
- *Kann man diese Personen vorher kennenlernen?*
- *Wie viel Zeit haben Sie für die Präsentation?*
- *Wie wird man das Ergebnis bewerten, was sind die Kriterien?*
- *Wenn es ein entsprechendes Formular gibt, welche Inhalte findet man darin? Kann man eine Kopie davon erhalten?*

Zu klärende Fragen zum Potenzial eines Neukunden

- *Welche Bedeutung hat Werbung beim potenziellen Neukunden und bei der Führung?*
- *Welche Rolle spielt die Marke und deren Wert?*
- *Wie bewertet man den Erfolg der Kommunikation?*
- *Wer gibt die finale Kommunikation frei?*
- *darin? Kann man eine Kopie davon erhalten?*

Zu klärende Fragen vor dem Pitch

- *Warum sucht das Unternehmen eine neue Agentur?*
- *Was war am alten/bestehenden Dienstleister gut?*
- *Was sollte geändert werden?*
- *Wie wurden die Agenturen der Pitchliste ausgewählt?*
- *Worin bestehen die Stärken und Schwächen der Agenturen auf der Pitchliste?*
- *Wie wird der Erfolg der Agenturen in einem Jahr gemessen?*
- *Was sind die Erfolgsfaktoren für eine erfolgreiche Zusammenarbeit zwischen Agentur und Kunde?*

Zu klärende Fragen nach einem Pitch

- *Führen Sie einen standardisierten Prozess ein, der nach jedem nicht gewonnenen Pitch nach einem Feedback fragt.*
- *Fragen Sie darin alle relevanten Bereiche (menschlich, kreativ, strategisch) konsequent ab.*
- *Bleiben Sie hier hartnäckig und verlangen Sie ein Feedback.*
- *Wenn möglich verlangen Sie ein persönliches Gespräch mit dem Entscheider.*

Die Welt der Kreativen

www.redbox.de
connecting creative professionals

RED BOX
connecting creative professionals

Die Welt der Kreativen

www.redbox.de
connecting creative professionals